普通高等院校信息通信类系列教材

SDH光传输技术与设备

赵东风　彭家和　丁洪伟　编　著

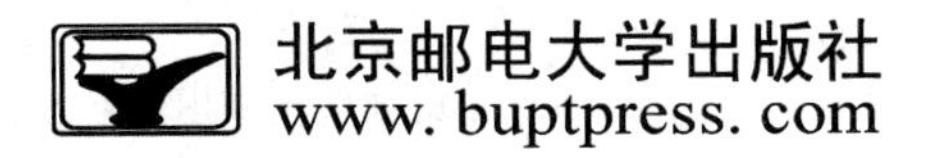

内容简介

随着光纤通信的飞速发展，光传输网络的广泛应用和普及，电信新业务日新月异，对高速、大容量传输网的可靠性、灵活性和针对性提出了更高的要求。SDH正是满足了高速大容量光纤传输技术和智能网络技术要求的新体制，已经在世界各国得到广泛的应用。本教材以理论和实用相结合的方式，在介绍了SDH光传输技术基本概念以及SDH设备系统的基础上，以中兴公司的ZXMP S385产品为例，详细介绍了ZXMP S385的系统结构、特点、系统功能、系统配置、应用与组网，并结合设备的系统特性重点介绍了SDH设备安装、开通调测和维护等。

本书可作为高校通信专业教材，也可用于通信专业相关方向的培训教材以及从事通信行业的工程技术人员自学阅读。

图书在版编目(CIP)数据

SDH光传输技术与设备/赵东风，彭家和，丁洪伟编著. --北京:北京邮电大学出版社，2012.8

ISBN 978-7-5635-3205-6

Ⅰ. ①S… Ⅱ. ①赵…②彭…③丁… Ⅲ. ①光纤通信—同步通信网—教材 Ⅳ. ①TN929.11

中国版本图书馆CIP数据核字(2012)第205235号

书　　名：SDH光传输技术与设备
著作责任者：赵东风　彭家和　丁洪伟　编著
责 任 编 辑：何芯逸
出 版 发 行：北京邮电大学出版社
社　　址：北京市海淀区西土城路10号(邮编:100876)
发 行 部：电话:010-62282185　传真:010-62283578
E-mail：publish@bupt.edu.cn
经　　销：各地新华书店
印　　刷：北京联兴华印刷厂
开　　本：787 mm×1 092 mm　1/16
印　　张：10.75
字　　数：251千字
印　　数：1—3 000册
版　　次：2012年8月第1版　2012年8月第1次印刷

ISBN 978-7-5635-3205-6　　　　定　价：24.00元

· 如有印装质量问题，请与北京邮电大学出版社发行部联系 ·

前言

在信息社会发展进程不断加快的今天，进入信息时代的21世纪，光纤通信因其自身的优越性以及其他相关学科的支持，得到了飞速的发展。它与卫星通信、无线通信一起成为长途通信的三大支柱，其中以光纤通信为主体。

同步数字体系(Synchronous Digital Hierarchy，SDH)的出现，是传输史上的重大突破。随着相关技术的发展和用户宽带需求的变化，在我国，1993年以前建设的准同步数字系统(Plesiochronous Digital Hierarchy，PDH)已不适应现代信息传输的要求，取而代之的SDH便应运而生。从1988年ITU-T通过第一套基本标准以来，SDH已迅速成为通信网的主流传输技术。其传输速率已从155 Mbit/s发展到10 Gbit/s，甚至可以达到40 Gbit/s；其灵活的组网方式和强大的网管功能在通信领域显示出巨大威力；其丰富的业务接口和网络保护功能为组建高可靠性的现代传送网提供了多种不同层次的选择；其在传送容量、服务质量、经济效益、建设速度等方面及时满足并促进了各种通信业务的不断增长。

为了将SDH的理论与实践能够有机结合起来，更好地为从事光传输技术的相关人员提高有效的学习方法，编著者根据多年的教学和工程实践经验，并参考了国内外相关资料，编写了本书。

本书可作为通信技术及相关专业学生的教材及参考用书，也可供从事通信专业的其他人员阅读。

全书共6章。第1章对SDH光传输技术进行介绍；第2章对SDH设备系统进行了简单介绍；第3章介绍了中兴公司ZXMP S385设备的系统结构、特点、功能、系统配置、组网应用；第4章介绍了SDH设备的实际工程安装；第5章介绍了SDH设备的单站及系统调测开通、数据配置；第6章结合SDH设备的特点，重点介绍了SDH设备的常见故障、日常维护以及故障处理方法。

本书由赵东风、彭家和、丁洪伟编写，在编写过程中得到了设备厂家的大力协助和支持，在此表示衷心的感谢。

由于作者水平和时间所限，难免有错误和不妥之处，恳请广大读者批评指正。

作　者

目 录

SDH光传输技术

1.1 SDH 技术基础

1.1.1 SDH 名词解释

SDH 全称为同步数字体系(Synchronous Digital Hierarchy)。它规范了数字信号的帧结构、复用方式、传输速率等级、接口码型特性,提供了一个国际支持框架,在此基础上发展并建成了一种灵活、可靠、便于管理的世界电信传输网。这种传输网易于扩展,适于新电信业务的开展,并且使不同厂家生产的设备互通成为可能,这正是网络建设者长期以来追求的目标。

1.1.2 SDH 技术特点

SDH 是为克服准同步数字体系(Plesiochronous Digital Hierarchy)的缺点而产生的,它是先有目标再定规范,最后研制设备,这个过程与 PDH 正好相反。显然,这就可能最大限度地以最理想的方式来定义符合未来电信网要求的系统和设备。其具体的技术特点包括以下几个方面。

- SDH 使北美、日本和欧洲三个地区性的标准在 STM-1 及其以上等级获得了统一。数字信号在跨越国界通信时不再需要转换成另一种标准,第一次真正实现了数字传输体制上的世界性标准。
- SDH 统一的标准光接口能够在光缆段上实现横向兼容,允许不同厂家的设备在光路上互通,满足多厂家环境的要求。
- SDH 采用同步复用方式和灵活的复用映射结构。各种不同等级的码流在帧结构净负荷内的排列是有规律的,而净负荷与网络是同步的,因而只需利用软件即可使高速信号一次直接分插出低速支路信号,也就是所谓的一步解复用特性。

如图 1-1 所示,要从 155 Mbit/s 码流中分出一个 2 Mbit/s 的低速支路信号,采用了 SDH 的分插复用器(Add-Drop Multiplexer,ADM)后,可以利用软件直接一次分出 2 Mbit/s 的支路信号,避免了对全部高速信号进行逐级分解后再重新复用的过程,省去了全套背靠背的复用设备。所以SDH的上下业务十分容易，网络结构和设备都大大简化，而且数字交叉连接的实现也比较容易。

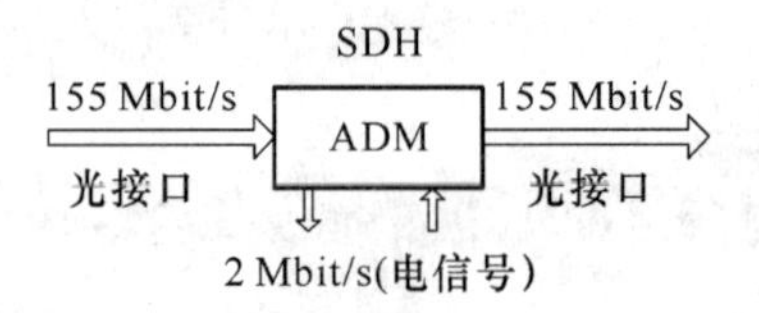

图 1-1　SDH的分插复用

- SDH采用大量的软件进行网络配置和控制，使得配置更为灵活，调度也更为方便。
- SDH帧结构中安排了丰富的开销比特，这些开销比特大约占了整个信号的5%。可利用软件对开销比特进行处理，因而使网络的运行、管理和维护能力大大加强。
- SDH网与现有网络能够完全兼容，即SDH兼容现有PDH的各种速率，使SDH可以支持已经建起来的PDH网络，有利于PDH向SDH顺利过渡。同时，SDH网还能容纳异步转移模式（Asynchronous Transfer Mode，ATM）、Ethernet等各种新业务信号，也就是说，SDH具有完全的后向兼容性和前向兼容性。
- 从OSI模型的观点来看，SDH属于其最底层的物理层，并未对其高层有严格的限制，便于在SDH上采用各种网络技术，支持ATM或IP传输。
- SDH是严格同步的，从而保证了整个网络稳定可靠，误码少，且便于复用和调整。

SDH规定了同步传送模块（Synchronous Transport Module，STM）信号的等级，SDH信号的速率等级表示为STM-N，其中N是正整数。目前SDH只能支持一定的N值，即N只能为1，4，16和64。最基本、也是最重要的模块信号是STM-1，其速率是155.520 Mbit/s，更高等级的STM-N信号是将基本模块信号STM-1经过字节间插后得出的。SDH速率等级如表1-1所示。

表 1-1　SDH速率等级及其速率

STM-N	STM-1	STM-4	STM-16	STM-64
速率/(Mbit·s^{-1})	155.520	622.080	2 488.320	9 953.280

SDH体系并非完美无缺，它也存在不足之处，主要表现在以下几方面。

(1) 频带利用率低

可靠性和有效性是矛盾的，增加了有效性必将降低可靠性，增加了可靠性也会相应的使有效性降低。例如，收音机的选择性增加，可选的电台就增多，这样就提高了选择性。但是，由于这时频带相应的会变窄，必然会使音质下降，也就降低了可靠性。

(2) 指针调整机理复杂

SDH体制可以从高速信号(STM-1)中直接下低速信号（如2 Mbit/s），省去了多级复用、解复用过程，这种功能的实现是通过指针机理来完成的。但是，指针功能的实现增加了系统的复杂性。最重要的是系统将产生SDH的一种特有抖动——由指针调整引起的结合抖动。

(3) 软件的大量使用对系统的安全性的影响

SDH 的一大特点是操作管理与维护(Operation Administration and Maintenance, OAM)的自动化程度高,这意味着软件在系统中占有相当大的比例。在病毒无处不在的今天,软件的大量使用,很容易受到病毒的破坏,对系统的影响是致命的。

1.1.3　SDH 史话

在 SDH 应用之前,传输系统采用 PDH。PDH 采用比特填充和码位交织的方法将低速率等级的信号复合成高速信号,它能够独立传送国内长途和市话网业务。当网络需要扩容时,只需增加新的 PDH 设备即可实现。但随着电信网的发展,PDH 逐渐暴露出其本身固有的缺点。

- PDH 只有地区性的电接口规范,没有统一的世界性标准。现有的 PDH 制式共有 3 种不同的信号速率等级:欧洲系列、北美系列和日本系列。它们的电接口速率等级以及信号的帧结构、复用方式均不相同,这种局面造成了国际互通的困难,不适应当前通信的发展趋势。这 3 个系列信号的电接口速率等级如图 1-2所示。

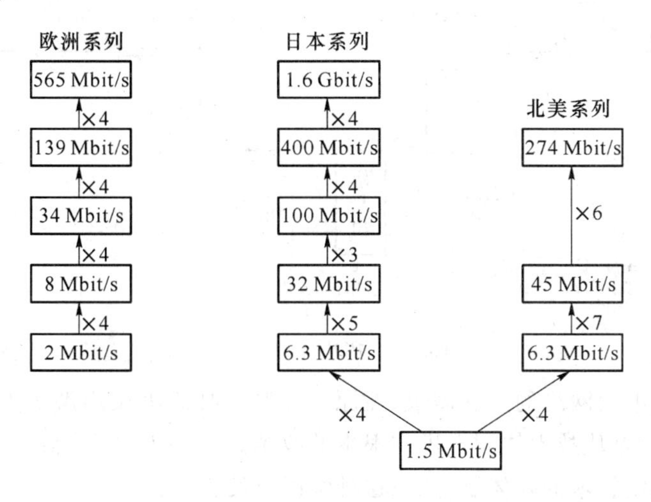

图 1-2　PDH 的速率等级

- PDH 没有世界性的标准光接口规范。各个厂家自行开发的专用光接口互不兼容,限制了联网的灵活性,也增加了网络的复杂性和运营成本。
- PDH 是建立在点对点传输基础上的复用结构。它只支持点对点传输,组成一段一段的线状网。其缺点是只能进行区段保护,无法实现统一工作的多种路由的环状保护,所以 PDH 网络拓扑缺乏灵活性,数字设备的利用率较低,不能提供最佳的路由选择。
- 因 PDH 信号帧结构中未安排用于网络运行、管理和维护的开销比特,所以难以建立集中式的传输网管,难以满足用户对网络动态组网和新业务接入的要求。
- PDH 的复用结构中除了像欧洲的 2 Mbit/s、北美的 1.5 Mbit/s 以及日本的 1.5 Mbit/s和 6.3 Mbit/s 这几个低速率等级的信号采用同步复用外,其他多数等级的信号采用的是异步复用，也就是说靠塞入一些额外的比特使各支路信号和复用设备同步并复用成高速信号。这种方式难以从高速信号中识别和提取低速支路信号。为了上下话路，唯一的办法就是将整个高速线路信号一步步地解复用到所要取出的低速线路信号，上下话路后，再一步步地复用到高速线路信号进行传输。

例如，从 140 Mbit/s 码流中分出一个 2 Mbit/s 的低速支路信号。若采用 PDH，光信号经光/电转换成电信号后，需要经过 140 Mbit/s→34 Mbit/s(140 Mbit/s 解复用到 34 Mbit/s)，34 Mbit/s→8 Mbit/s 和 8 Mbit/s→2 Mbit/s 3 次解复用到 2 Mbit/s 下话路，再经过 2 Mbit/s→8 Mbit/s(2 Mbit/s 复用到 8 Mbit/s)，8 Mbit/s→34 Mbit/s 和 34 Mbit/s→140 Mbit/s 3 次复用到 140 Mbit/s 来进行传输，如图 1-3 所示。可见 PDH 系统不仅复用结构复杂，也缺乏灵活性，硬件数量大，上下业务费用高，数字交叉连接功能的实现也十分复杂。

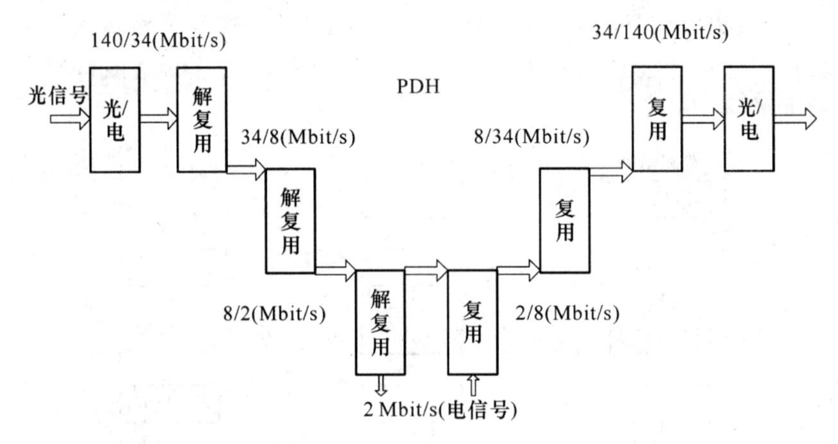

图 1-3　PDH 的分插复用

要满足现代电信网络的发展需求，在原有体制和技术框架内解决上述问题是事倍功半的，最佳途径就是从技术体制上进行根本的改革。SDH 作为一种结合高速大容量光传输技术和智能网络技术的新体制，就在这种情况下诞生了。

1.2　SDH 帧结构及复用技术

1.2.1　SDH 帧结构

SDH 帧结构如图 1-4 所示。

- SDH 以字节为单位进行传输，它的帧结构是一种以字节为基础的矩形块状帧结构，由 270×*N* 列和 9 行 8 bit 字节组成。
- SDH 的矩形帧在光纤上传输时是逐行传输的，在光发送端经并/串转换后逐行进行传输，在光接收端经串/并转换后还原成矩形帧进行处理。
- 在 SDH 帧中，字节的传输是从左到右按行进行的。首先由每一帧左上角第一个字节开始，从左向右按顺序传送，传完一行再传下一行，直至整个 9×270×N 个字节都传送完再开始传下一帧。如此一帧一帧地传送，每秒可传 8 000 帧，帧长恒定为 125 μs。

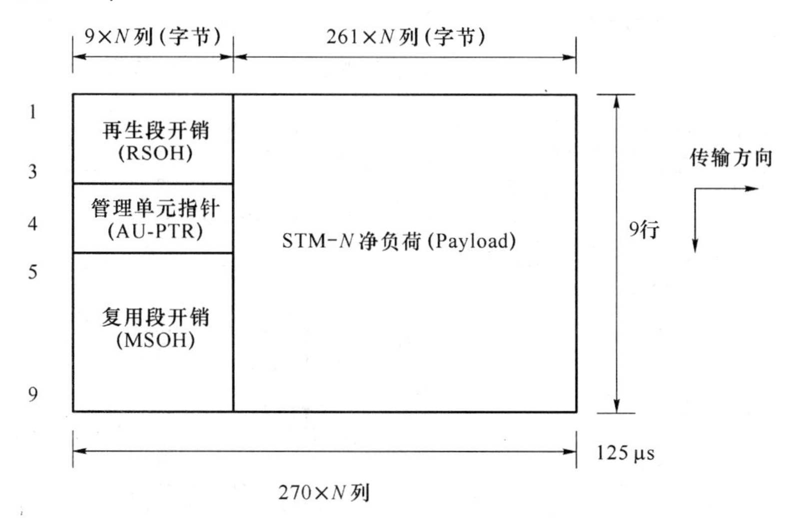

图 1-4　STM-N 帧结构示意图

- SDH 的帧频为 8 000 帧/秒，这就是说信号帧中某一特定字节每秒被传送 8000 次，那么该字节的比特速率是 8 000×8=64 kbit/s，也即是一路数字电话的传输速率。

以 STM-1 等级为例，其速率为 270(每帧 270 列)×9(共 9 行)×64 kbit/s(每个字节的传输速率为 64 kbit/s)=155 520 kbit/s=155.520 Mbit/s。

从图 1-4 中看出，STM-N 的帧结构由三部分组成。

(1) 段开销(SOH)区域

段开销是指 STM-N 帧结构中为了保证信息净负荷正常灵活传送所必需的附加字节，用于网络的运行、管理和维护。

SDH 帧的第 1～9×N 列中，第 1～3 行和第 5～9 行分配给段开销。段开销还可以进一步划分为再生段开销(RSOH)和复用段开销(MSOH)，如图 1-4 所示。

(2) 信息净负荷(Payload)区域

信息净负荷区域是 SDH 帧结构中用于存放各种业务信息的地方。

横向第 10×N～270×N 列，纵向第 1～9 行都属于信息净负荷区域。此区域还含有通道开销字节(POH)。该字节作为净负荷的一部分并与之一齐在网络中传送，用于通道性能的监视、管理和控制。

(3) 管理单元指针(AU-PTR)区域

AU-PTR 是一种指示符，用来指示信息净负荷的第一个字节在 STM-N 帧内的准确位置，以便在接收端正确地进行信息分解。

AU-PTR 位于 STM-N 帧结构第 1～9×N 列中的第 4 行。采用指针方式是 SDH 的重要创新，可使之在准同步环境中完成同步复用和 STM-N 信号的帧定位。

1.2.2 SDH复用技术

国际电信联盟—电信标准部(International Telecommunication Union-Telecommunication Standardization Sector,ITU-T)规定了一套完整的复用映射结构,如图 1-5 所示。通过这些路线可将 PDH 的 3 个系列的数字信号以多种方法复用成 STM-*N* 信号。

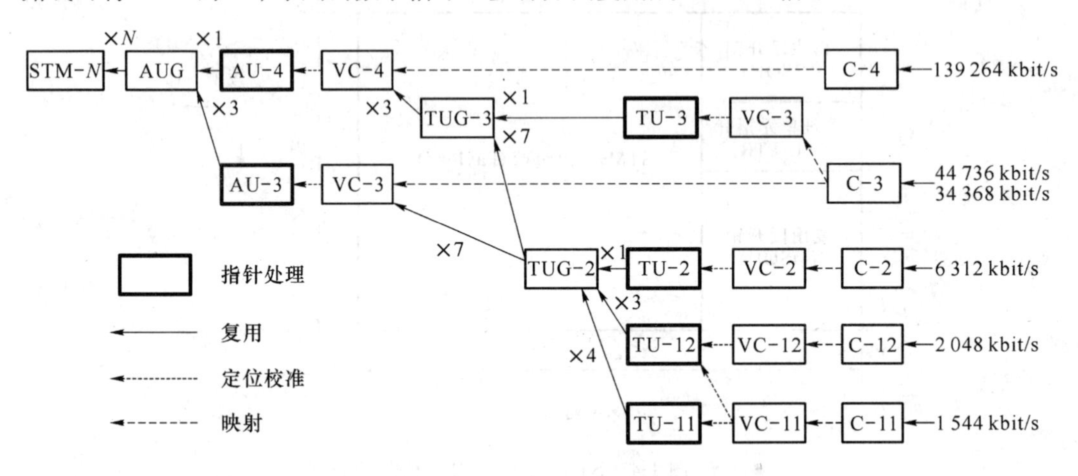

图 1-5 ITU-T 规定的 SDH 复用结构示意图

我国为了使每种净负荷只有一条复用映射途径,规定了一个较为简单的复用映射结构,如图 1-6 所示,它是标准复用映射结构的一个子集。

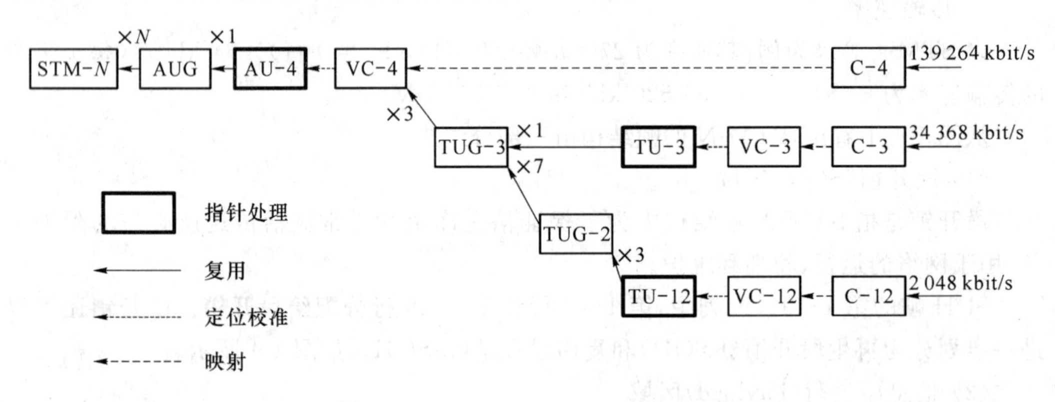

图 1-6 我国规定的 SDH 复用结构示意图

各种信号装入 SDH 帧结构的净负荷区都需经过映射、定位校准和复用 3 个步骤。

(1) 映射

映射相当于一个对信号打包的过程,它使不同的支路信号和相应的 *n* 阶虚容器(VC-*n*)同步。

各种速率等级的数字流进入相应的接口容器 C,完成如同速率调整这样的适配功能。

这些容器 C 是一种用来装载各种速率业务信号的信息结构,完成适配功能(如速率调整)。目前有 5 种标准容器:C-11,C-12,C-2,C-3 和 C-4。我国定义 C-12 对应速率是 2.048 Mbit/s,C-3 对应速率是 34.368 Mbit/s,C-4 对应速率是 139.264 Mbit/s。由标准容器输出的数字流加上通道开销(Path Over Head,POH)后就构成了虚容器(Virtual Container,VC),这一过程就是映射。

例如,对于各路来的 2 Mbit/s 信号,由于各路的时钟精度不同,有的可能是2.048 1 Mbit/s,有的可能是2.048 2 Mbit/s,都将在容器 C 中做容差调整,适配成速率一致的标准信号。

(2) 定位校准

定位校准即加入调整指针,校正支路信号频差和实现相位对准。

VC 是 SDH 中最重要的一种信息结构,支持通道层连接。VC 的包封速率是与网络同步的,因而不同 VC 的包封是互相同步的。包封内部允许装载各种不同容量的准同步支路信号。

除在 VC 的组合点和分解点(即 PDH 网和 SDH 网的边界处)外,VC 在 SDH 中传输时总是保持完整不变的,所以 VC 可作为一个独立的实体在通道中任一点取出或插入,可以进行同步复用和交叉连接处理,十分灵活和方便。

VC 可分为低阶虚容器和高阶虚容器两类。VC-12 和 VC-3 为低阶虚容器,VC-4 为高阶虚容器。由 VC 出来的数字流再按规定的路线进入 AU 或 TU。在 SDH 帧中,VC-n 是一个独立的整体,传送过程中不能分割。因此 VC-n 到 TU-n 和 VC-n 到 AU-n 的转换是一个速率适配的过程,也就是复用结构中的定位校准过程。

(3) 复用

复用即字节间插复用,用于将多个低阶通道层信号适配进高阶通道或将多个高阶通道层信号适配进复用段层。

AU 是一种为高阶通道层和复用段层提供适配功能的信息结构,它由高阶 VC 和 AU-PTR 组成。其中 AU-PTR 用来指明高阶 VC 在 STM-N 帧内的位置,因而允许高阶 VC 在 STM-N 帧内的位置是浮动的,但 AU-PTR 本身在 STM-N 帧内位置是固定的。一个或多个在 STM-N 帧内占有固定位置的 AU 组成管理单元组 AUG,它由单个 AU-4 组成。

同样,TU 是一种为低阶通道层和高阶通道层提供适配功能的信息结构,它由低阶 VC 和 TU PTR 组成。TU PTR 用于指明低阶 VC 在帧结构中的位置。一个或多个在高阶 VC 净负荷中占有固定位置的 TU 组成支路单元组 TUG。最后,在 N 个管理单元(Administrative Unit Group,AUG)的基础上再附加上段开销便形成了最终的 STM-N 帧结构。

以 2 Mbit/s 支路信号为例来说明复用映射过程。

① 标称速率为 2.048 Mbit/s 的 PDH 信号先进入 C-12 进行适配处理;

② C-12 加上低阶 POH 后构成 VC-12;

③ 在 VC-12 的基础上加上 TU PTR 进行定位校准,构成 TU-12;

④ 3 个 TU-12 经字节间插后复用成 TUG-2;

⑤ 7 个 TUG-2 经字节间插后复用成 TUG-3;

⑥ 3 个 TUG-3 经字节间插并加上高阶 POH 后构成 VC-4 净负荷;

⑦ VC-4 加上 AU-PTR 构成 AU-4,AU-PTR 指明 VC-4 相对于 AU-4 的相位;

⑧ 单个 AU-4 直接置入 AUG；

⑨ N 个 AUG 通过字节间插复用，附加上 SOH 就得到 STM-N 信号。

1.3 SDH 的指针

1.3.1 指针的作用

在 SDH 设备中，一个很重要的方面就是采用了净负荷指针技术。指针(Pointer，PTR)是一种指示符，其值定义了虚容器相对于支持它传送实体的帧参考点的偏移量。指针的作用就是定位。通过定位使收端能准确地从 STM-N 码流中拆离出相应的 VC，进而通过拆虚容器、容器的包封分离出 PDH 低速信号，即能实现从 STM-N 信号中直接分支出低速支路信号的功能。

1. 指针调整的作用

当网络处于同步状态时，指针用于进行同步的信号之间的相位校准。指针还可用来容纳网络中的相位抖动和漂移。网络失去同步时，指针用作频率和相位校准；当网络处于异步工作时，指针用作频率跟踪校准。

2. 指针分类

指针有两种：AU-PTR 和 TU-PTR，其中 AU-PTR 定位 VC4 在 AU-4 中的位置，TU-PTR 定位 VC12 在 TU12 中的位置。它们与定帧字节一起完成从高速信号 STM-N 中直接下低速信号。

1.3.2 管理单元指针(AU-PTR)

AU-PTR 位于 STM-N 帧结构第 1～9×N 列中的第 4 行。采用指针方式是 SDH 的重要创新，可使之在准同步环境中完成同步复用和 STM-N 信号的帧定位。其结构示意图如图 1-7 所示。

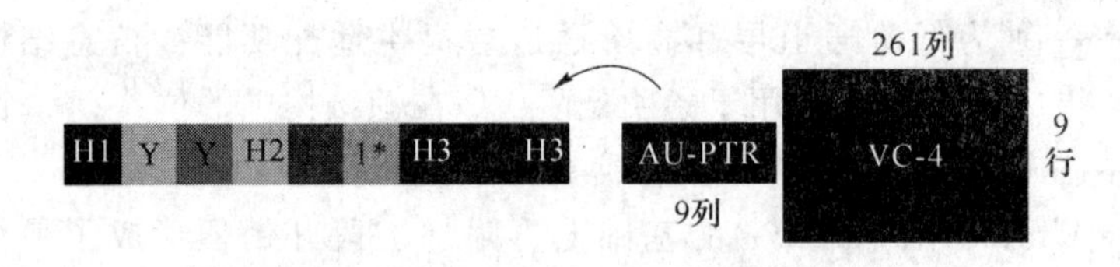

Y=1001SS11 (S未规定)

图 1-7 AU-PTR 结构示意图

1. H1，H2，H3 字节安排

在图 1-7 中，H1，H2，H3 字节安排示意图如图 1-8 所示。

2. H1，H2，H3 字节功能

H1，H2，H3 字节功能如下。

(1) 净负荷位置指示

10 比特指针指示净负荷的第一个字节相对于第三个 H3 字节的偏移量。

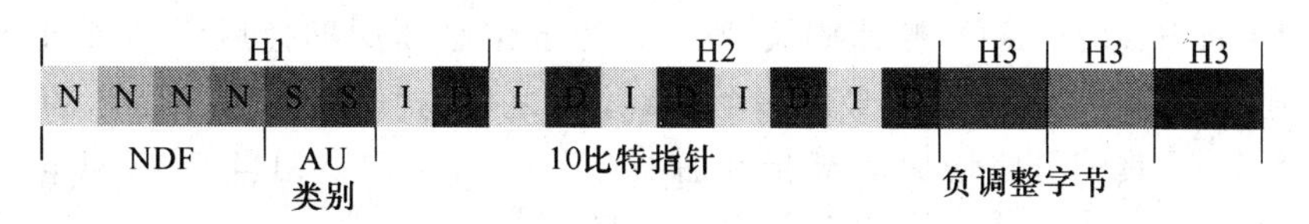

NDF：新数据标识
SS：AU类别，SS=11：AU-4
I：增加比特
D：减少比特

图 1-8　AU-PTR 中 H1,H2,H3 字节安排示意图

(2) 对净负荷 VC-4 进行速率调整

正调整：5 个 I 比特反转；在净负荷前面加 3 个填充字节；指针值加 1。

负调整：5 个 D 比特反转；在净负荷前面 3 个字节移到 3 个 H3 字节中；指针值减 1。

(3) 新数据标识 NDF

指示净负荷中的新数据变化。正常时 NDF＝0110；有新数据时 NDF＝1001。

如图 1-7 和图 1-8 所示，现将 AU-PTR 的具体含义说明如下：

- 管理单元指针 AU-PTR 主要由 H1、H2、H3H3H3 组成；
- 指针值为 H1、H2 后 10 比特；
- 指针范围为 0～782；
- H3H3H3 为调整单位，共 3 个字节；
- VC4 和 AU-4 无频差相差，AU-PTR 的值为 522；
- 若收 H1H2H3H3H3 为全“1”，本端产生 AU-AIS 告警；
- 若收指针值超出允许范围，或连续收到 8 帧以上 NDF，则本端在相应通道上产生 AU-LOP 告警，下插全“1”；
- 指针调整间隔为 3 帧。

3. AU-PTR 在 STM-1 帧中的结构

AU-PTR 在 STM-1 帧中的结构示意图如图 1-9 所示。

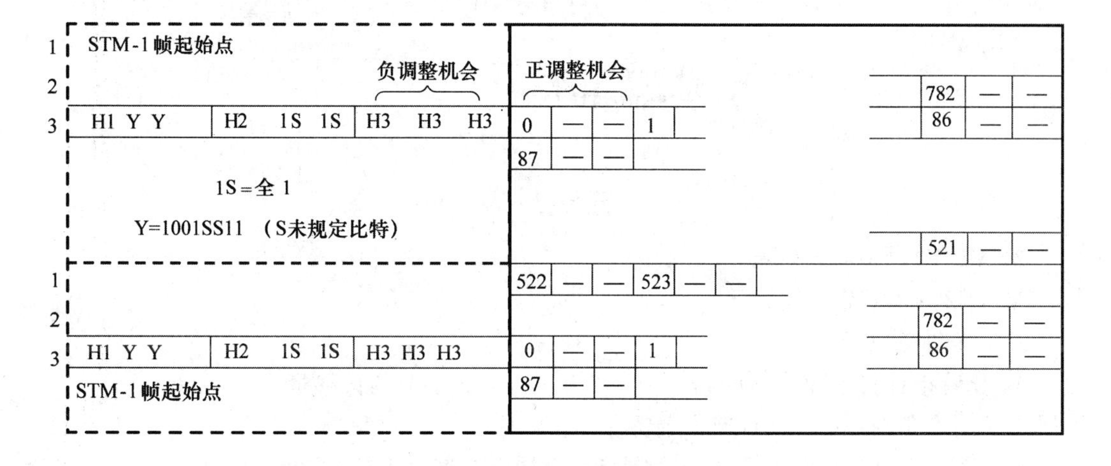

图 1-9　AU-PTR 在 STM-1 帧中的结构示意图

如果 VC-4 相对于 AU-4 帧速率低，则 VC 的定位必须周期性后滑，3 个正调整机会字节立即显现在这个 AU-4 帧的最后一个 H3 字节之后，相应的在这之后的 VC-4 的起点将后滑 3 个字节，其编号将增加 1，即指针加 1。显然，每次调整相当于 VC-4 帧"加长"了 3 个字节，每个字节约 0.053 μs，3 个字节约 0.16 μs。

如果 VC-4 相对于 AU-4 帧速率高，则 VC 的定位必须周期性前移，3 个负调整机会字节立即显现在这个 AU-4 帧的三个 H3 字节，即这三个字节用来装该帧 VC-4 的信号，相当于 VC-4 帧"缩短"了 3 个字节，在这帧之 VC-4 的起点就向前移 3 个字节，指针值随之减 1。显然，每次负调整相当相位变化三个字节约 0.16 μs。

STM-1 帧中的第 4 行第 7,8,9 这三个 H3 字节为负调整机会字节；第 4 行第 10,11,12 这三个字节为正调整机会字节。

1.3.3 支路单元指针（TU-PTR）

TU-PTR 结构示意图如图 1-10 所示。

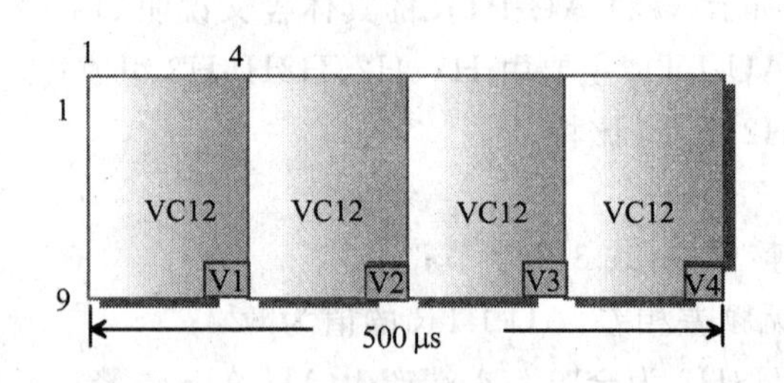

图 1-10 TU-PTR 结构示意图

1. V1,V2,V3 字节安排

图 1-10 中 V1,V2,V3 字节安排示意图如图 1-11 所示。

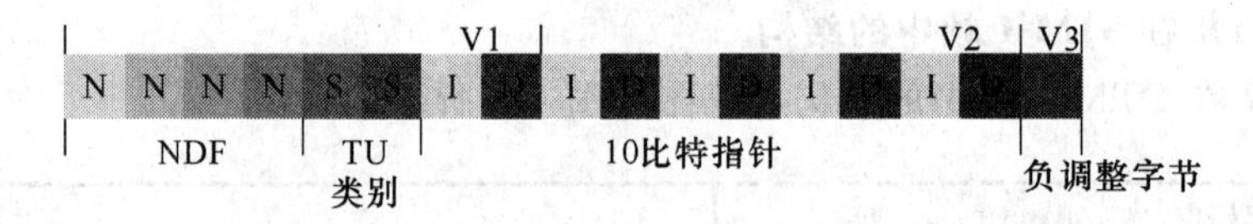

NDF：新数据标识
SS：TU类别，SS=10：TU-12
I：增加比特
D：减少比特

图 1-11 V1,V2,V3 字节安排

2. V1,V2,V3 字节功能

V1,V2,V3 字节功能如下。

(1) 净负荷位置指示

10 比特指针指示净负荷的第一个字节相对于 V2 字节的偏移量。

(2) 对净负荷 VC-3 进行速率调整

正调整：5 个 I 比特反转；在 V3 字节后面加 1 个填充字节；指针值加 1。

负调整：5 个 D 比特反转；在净负荷前面 1 个字节移到 V3 字节中；指针值减 1。

(3) 新数据标识 NDF

指示净负荷中的数据变化。正常时 NDF＝0110；有新数据时 NDF＝1001。

如图 1-10 和图 1-11 所示，现将 TU-PTR 具体含义说明如下。

- V1，V2，V3，V4 共 4 个字节；
- 指针值为 V1，V2 后 10 比特；
- 指针范围为 0～139；
- V3 为调整单位，共 1 字节；
- 若收 V1，V2，V3 为全“1”，本端产生 TU-AIS 告警；
- 若收指针值超出允许范围，或连续收到 8 帧以上 NDF，则本端在相应通道上产生 TU-LOP 告警，下插全“1”；
- VC12 和 TU-12 无频差相差，V5 字节的位置是 70。

1.4 SDH 的开销

开销是开销字节或比特的统称，是指 STM-*N* 帧结构中除了承载业务信息（净荷）以外的其他字节。开销用于支持传输网的运行、管理和维护。开销的功能是实现 SDH 的分层监控管理。

1.4.1 开销类型

SDH 帧结构中安排有两种不同的开销，即段开销 SOH 和通道开销 POH，分别用于段层和通道层的维护，即 SDH 系统的开销是分层使用的。

1.4.2 段开销

段开销（SOH）包含有定帧信息、用于维护和性能监视的信息以及其他操作功能。SOH 可以进一步划分为再生段开销（RSOH）和复用段开销（MSOH）。其中 RSOH 既可以在再生器接入，又可以在终端设备接入；MSOH 透明通过再生器，只能终结在 AUG 的组合和分解点，即终端设备处。在 SOH 中，第 1～3 行分配给 RSOH，而第 5～9 行分配给 MSOH。

SDH 帧结构中的段开销包括帧定位字节（A1，A2）、再生段踪迹字节（J0）、数据通信通路（D1～D12）、公务字节（E1，E2）、使用者通路（F1）、比特间插奇偶校验 8 位码（B1）、比特间插奇偶校验 *N*×24 位码（B2）、自动保护倒换通路（K1，K2）字节。以下将分别介绍段开销字节的位置和功能。

1. 段开销字节的位置

各种不同 SOH 字节在 STM-1 帧中的安排，如图 1-12 所示。

在 SDH 中，STM-*N* 帧的 SOH 字节也是由 *N* 个 STM-1 帧的 SOH 交错间插排列构成，但构成时仅完整保留第一个 STM-1 的段开销，其余 *N*－1 个 STM-1 帧的段开销仅保留帧定位字节 A1，A2 和 B2 字节，其他字节均略去。

一个段开销字节在 STM-N 帧中的位置，可以用坐标矢量 $\boldsymbol{S}(a,b,c)$ 来表示，其中，a 表示行数，取值为 1～3，或 5～9；b 表示复列数，取值为 1～9；c 表示复列数内的间插层数，取值可为 1～64。该字节在 STM-N 帧中的实际行数、列数与 a,b,c 间的关系如下：

- 行数 $=a$；
- 列数 $=N(b-1)+c$。

9字节 / 9行

A1	A1	A1	A2	A2	A2	J0	×*	×*	RSOH
B1	△	△	E1	△		F1	×	×	RSOH
D1	△	△	D2	△		D3			RSOH
管理单元指针									
B2	B2	B2	K1			K2			MSOH
D4			D5			D6			MSOH
D7			D8			D9			MSOH
D10			D11			D12			MSOH
S1					M1	E2	×	×	MSOH

△　为与传输媒质有关的特征字节（暂用）

×　为国内使用保留字节

*　为不扰码国内使用字节

所有未标记字节待将来国际标准确定（与媒质有关的应用，附加国内使用和其他用途）

图 1-12　STM-1 字节安排示意图

2. 段开销功能

(1) 帧定位字节：A1 和 A2

SOH 中的 A1 和 A2 字节可用来识别帧的起始位置。A1 和 A2 具有固定的二进制数值，即 A1 为 11110110，A2 为 00101000。当连续 5 帧以上收不到正确的 A1，A2 字节，即连续 5 帧以上无法区分出不同的帧，那么接收端进入帧失步状态，产生帧失步(OOF)告警。

若 OOF 持续了 3 ms 则进入帧丢失状态，设备产生帧丢失(LoF)告警，插入告警指示信号(AIS)，整个业务中断；在 LoF 状态下若收端又连续 1 ms 以上处于定帧状态，那么设备恢复到正常状态。

(2) 再生段踪迹字节：J0

该字节用来重复发送段接入点标识符，使段接收端能据此确认其与指定的发送端处于持续连接状态。在同一个运营者的网络内该字节可为任意字符，而在两个不同运营者的网络边界处要使设备收、发两端的 J0 字节相互匹配，通过 J0 字节可使运营者提前发现和解决故障，缩短网络恢复时间。

(3) 数据通信通路(DCC)：D1～D12

SOH 中的 DCC 用来构成 SDH 管理网(SMN)的传送链路。

在传统的准同步系统中尽管也有控制通路，但都是专用的，外界无法接入。而DCC则是通用的，嵌入在段开销中，所有网络单元都具备，便于构成统一的管理网，也避免了为每个设备都配备专用的数据通信链路。

其中D1～D3字节称为再生段DCC，用于再生段终端之间的OAM信息的传送，速率为192 kbit/s(3×64 kbit/s)；D4～D12字节称为复用段DCC，用于复用段终端之间的OAM信息的传送，速率为576 kbit/s(9×64 kbit/s)。

上述总共768 kbit/s数据通路为SDH网的管理和控制提供了强大的通信基础结构。例如，SDH网络管理控制的一个重要目标是实现快速的分布式控制，有了DCC通路后，网络管理系统所算得的最佳路由表可以随时经DCC通路迅速传给网络单元。

(4) 公务字节：E1和E2

这两个字节用来提供公务联络语音通路。E1属于RSOH，用于本地公务通路，可以在再生器接入；E2属于MSOH，用于直达公务通路，可以在复用段终端接入。公务通路的速率为64 kbit/s。

(5) 使用者通路：F1

该字节保留为使用者(通常指网络提供者)专用，为特定维护目的而提供临时的数据/语音通道连接。

(6) 比特间插奇偶校验8位码(BIP-8码)：B1

B1字节(8个比特)用作再生段误码监视，是使用偶校验的比特间插奇偶校验码。BIP-8码对扰码后的前一个STM-N帧的所有比特进行计算，结果置于扰码前的B1字节位置。这种误码监视方式是SDH的特点之一，它以比较简单的方式实现对再生段的误码自动监视。但是，对于在同一监视码组内恰好发生偶数个误码的情况，这种方法无法检出，由于这种情况出现的概率很小，因而总的误码检出概率还是很高的。

(7) 比特间插奇偶校验N×24位码(BIP-N×24位码)：B2

B2字节用于复用段误码监视，段开销中安排有3个B2字节(共24比特)作此用途。B2字节是使用偶校验的比特间插奇偶校验N×24位码，其产生方式与BIP-8类似。BIP-N×24码对前一个STM-N帧(除SOH中的第1～3行以外)的所有字节进行计算，结果置于扰码前的B2字节位置。STM-N帧中有N×3个B2字节，每3个B2对应于一个STM-1帧的奇偶校验码。

SDH除在再生段和复用段中安排B1字节和B2字节用于误码监视外，还在VC-3/VC-4高阶通道层POH中安排了1个B3字节做误码监视，在VC-12低阶通道层POH中安排了V5字节的第1和第2比特做误码监视。

可以看出SDH在误码性能监视上是十分周到的，每一层网络都有性能监视，共分4个不同层次，可以对小至一个再生段，大至任意一个VC-12通道进行误码监视。

(8) 自动保护倒换(APS)通路：K1和K2(b1～b5)

这两个字节用作复用段保护的APS信令，由于K1，K2(b1～b5)是专门用于保护目的的嵌入信令通路，因此可以实现很快的保护响应速度。

K1和K2(b1～b5)提供的是网络保护方式，其基本工作原理可简述如下：当某工作通路出故障后，下游端会很快检测到故障，并利用上行方向的保护光纤送出 K1 字节，K1 字节包含有故障通路编号。上游端收到 K1 字节后，将本端下行工作通路的光纤桥接到下行保护光纤，同时利用下行方向的保护光纤送出保护字节 K1，K2(b1～b5)，其中 K1 字节作为倒换要求，K2(b1～b5)字节作为证实。下游端收到 K2(b1～b5)字节后对通道编号进行确认，并最后完成下行方向工作通路和下行方向保护光纤在本端的桥接，同时按照 K1 字节要求完成上行方向工作通路和上行方向保护光纤在本端的桥接。为了完成双向倒换的要求，下游端经上行方向保护光纤送出 K2(b1～b5)字节。上游端收到 K2(b1～b5)字节后将执行上行方向工作通路和上行方向保护光纤在本端的桥接，从而将两根工作通路光纤几乎同时倒换至两根保护光纤，完成自动保护倒换。

(9) 复用段远端失效指示(MS-RDI)字节：K2(b6～b8)

这 3 个比特用于表示复用段远端告警的反馈信息，由收端(信宿)回送给发端(信源)的反馈信息。它表示收信端检测到接收方向的故障或正收到复用段告警指示信号。也就是说当收端收信劣化，这时回送给发端 MS-RDI 告警信号，以使发端知道收端的状况。

若收到的 K2 的 b6～b8 为 110 码，则表示对端检测到缺陷的告警；若收到的 K2 的 b6～b8 为 111，则表示本端收到告警指示信号(MS-AIS)，此时要向对端发 MS-RDI 信号，即在发往对端的信号帧 STM-*N* 的 K2 的 b6～b8 置入 110 值。

(10) 同步状态字节：S1(b5～b8)

STM-*N* 帧结构中，属于第 1 个 STM-1 帧的第 1 个 S1 字节(9,1,1)的第 5～8 比特表示同步状态消息，这 4 个比特可以有 16 种不同编码，因而可以表示 16 种不同的同步质量等级。S1(b5～b8)的值越小，表示相应的时钟质量级别越低。设备据此判定接收的时钟信号质量，并决定是否进行时钟源切换，即切换到较高质量的时钟源上。

(11) 复用段远端误码块指示(MS-REI)字节：M1

M1 字节是个对告信息，由接收端回传给发送端，M1 字节内容为接收端由 BIP-*N*×24(B2)码所检出的误块数，以便发送端据此了解接收端的收信误码情况。

(12) 与传输媒质有关的特殊字节

这些字节用于与传输媒质相关的特殊应用，例如，微波 SDH 中保护倒换的早期告警、自动发送功率控制、快速无损伤倒换控制以及传播监视。

1.4.3 POH 通道开销

POH 通道开销可以分为两类：低阶 VC POH 和高阶 VC POH。

- 低阶 VC POH：将低阶 VC POH 附加给 C-11/C-12 即可形成 VC-12。其功能有 VC 通道功能监视、传送维护信号以及告警状态指示。
- 高阶 VC POH：将 VC-3 POH 附加给 C-3 或者多个 TUG-2 的组合体便形成了 VC-3，而将 VC-4 POH 附加给 C-4 或者多个 TUG-3 的组合体便形成了 VC-4。高阶 VC POH 的功能是 VC 通道功能监视、传送维护信号、告警状态指示以及复用结构指示。

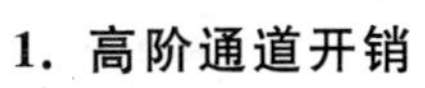

1. 高阶通道开销

高阶通道开销包括 VC-3/VC-4 POH 通道踪迹字节(J1)、通道 BIP-8 码(B3)、信号标志字节(C2)、通道状态字节(G1)字节,以下将分别介绍高阶通道开销字节的位置和功能。

(1) 高阶通道开销字节的位置

VC-3 结构由 9 行 85 列组成,其中第 1 列的 9 个字节作为 VC-3 POH;VC-4 结构由 9 行 261 列组成,其中第 1 列的 9 个字节作为 VC-4 POH。VC-3/VC-4 POH 包含的 9 个字节分别用 J1,B3,C2,G1,F2,H4,F3,K3 和 N1 表示,如图 1-13 所示。

J1	高阶通道踪迹字节
B3	高阶通道误码监视BIP-8字节
C2	高阶通道信号标记字节
G1	通道状态字节
F2	高阶通道使用者通路字节
H4	位置指示字节
F3	高阶通道使用者通路字节
K3	自动保护倒换(APS)通路,备用字节
N1	网络运营者字节　　VC-3或VC-4

图 1-13　高阶通道开销的结构图

(2) 高阶通道开销功能

① 高阶通道踪迹字节:J1

该字节被用来重复地发送高阶通道接入点标识符,以便使通道接收终端能据此确认其与指定的发送端处于持续连接状态,用于追踪通道连接状态。利用 J1 字节运营者可以提前发现和解决故障,防止传送的业务受到影响,缩短网络恢复时间。

② 通道 BIP-8 码:B3

B3 字节(8 个比特)用作通道误码监视,是使用偶校验的比特间插奇偶校验码。BIP-8 码对前一个 VC-3/VC-4 的所有比特进行计算,结果置于当前 VC-3/VC-4 的 B3 字节位置。

③ 信号标志字节:C2

C2 字节表示 VC-3/VC-4 的组成或维护状态,该字节对应的十六进制码字及其含义如表 1-2 所示。

表 1-2 字节编码规定列表

C2 的 8 比特编码	十六进制码字	含 义
00000000	00	未装载信号或监控的未装载信号
00000001	01	装载非特定净负荷
00000010	02	TUG 结构
00000011	03	锁定的 TU
00000100	04	34.368 Mbit/s 和 44.736 Mbit/s 信号异步映射进 C-3
00010010	12	139.264 Mbit/s 信号异步映射进 C-4
00010011	13	ATM 映射
00010100	14	MAN(DQDB)映射
00010101	15	FDDI
11111110	FE	0.181 测试信号映射
11111111	FF	VC-AIS(仅用于串接)

④ 通道状态字节:G1

G1 字节用于向 VC-3/VC-4 路径源端回送在路径宿端检出的通道终结状态和性能情况,从而允许在路径的任一端或路径中的任意点监视全双工路径的状态和性能。G1 字节各比特安排如图 1-14 所示。

REI				RDI	保留		备用
1	2	3	4	5	6	7	8

图 1-14 G1 字节各比特安排

G1 字节的 b1～b4 用来传递被路径宿端用 B3(BIP-8)检测出的 VC-4 通道的误块数。当收端收到 AIS、误码超限、J1/C2 失配时,由 G1 字节的 b5 比特回送发端一个 RDI(高阶通道远端缺陷指示),使发端了解收端接收相应 VC-4 的状态,以便及时发现和定位故障。G1 字节的 b6 和 b7 比特留作选用比特。如果不用,应将其置为 00 或 11;如果使用,由产生 G1 字节的路径源段自行处理。

⑤ 高阶通道使用者通路字节:F2、F3

这两个字节供通道单元间进行通信联络,与净负荷有关。

⑥ 位置指示字节:H4

该字节为净负荷提供一般位置指示,也可以指示特殊的净负荷位置,如作为 VC-12 的复帧位置指示。

⑦ 自动保护倒换通路:K3(b1～b4)

用作高阶通道级保护的 APS 指令。

⑧ 网络操作者字节:N1

该字节提供高阶通道的串接监视(TCM)功能。

⑨ 备用比特:K3(b5～b8)

这几个比特留作将来使用,接收机应忽略其值。

2. 低阶通道开销

低阶通道开销是指 VC-12 的通道开销字节(V5,J2,N2,K4),以下将分别介绍低阶通道开销字节的位置和功能。

(1) 低阶通道开销字节的位置

VC-12 POH 由 V5,J2,N2,K4 字节组成,它们分别位于 4 个连续的 VC-12 帧的第 1 个字节,即 VC-12 POH 每 4 帧(500 μs)完整传送一次。VC-12 POH 在 VC-12 复帧中的位置如图 1-15 所示。

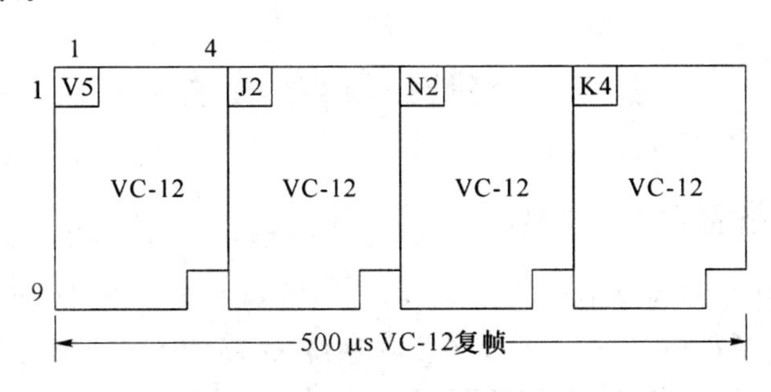

图 1-15　低阶通道开销结构图

(2) 低阶通道开销功能

① 通道状态和信号标记字节:V5

V5 字节可提供关于 VC-12 通道的误码检查、信号标志和通道状态的功能。V5 字节的结构如表 1-3 所示。

表 1-3　VC-12 POH(V5)的结构

误码监测		远端误块指示	远端失效指示	信号标记			远端缺陷指示
1	2	3	4	5	6	7	8
传送比特间插奇偶校验码 BIP-2: 第一个比特的设置应使上一个 VC-12 复帧内所有字节的全部奇数比特的奇偶校验为偶数; 第二比特的设置应使全部偶数比特的奇偶校验为偶数		BIP-2 检测到误码块就向 VC-12 通道源发 1,无误码则发 0	有故障发 1; 无故障发 0	表示净负荷装载情况和映射方式。3 比特共 8 个二进值: 000 表示未装载 VC 通道; 001 表示已装载 VC-12 通道,但未规定有效负载; 010 表示异步浮动映射; 011 表示比特同步浮动; 100 表示字节同步浮动; 101 表示预留; 110 表示 0.181 测试信号; 111 表示 VC-AIS			接收失效则发 1; 接收成功则发 0

② 通道踪迹字节:J2

该字节用来重复地发送低阶通道接入点标识符,以便使通道接收终端能据此确认其与指定的发送端处于持续连接状态。

③ 网络操作者字节:N2

该字节提供低阶通道的串接监视功能。

④ 自动保护倒换通路:K4(b1～b4)

这 4 个比特用来提供低阶通道保护的 APS 指令。

⑤ 保留比特:K4(b5～b7)

这 3 个比特是保留的任选比特,由产生 K4 字节的路径源端自行决定是否使用。

⑥ 备用比特:K4(b8)

该比特留作将来使用,接收机应忽略其值。

1.5 SDH的技术发展

1.5.1 SDH网络管理软件的发展

SDH 是由软件控制的复杂系统和网络,大量借鉴了计算机科学的最新研究成果,如采用了面向对象的软件设计方法、UNIX 操作系统、最新的关系数据库结构等。一个考虑周全、技术先进的灵活网管系统是 SDH 技术成败的关键。因而一旦硬件系统研制成功后,大量的后续工作将集中在软件开发上。由于 SDH 技术还处于发展阶段,ITU-T 关于 SDH 网络级管理的建议还处于完善的过程中;在网管系统的横向兼容性方面,即多厂家能力,目前还处于研究开发阶段,需要与生产厂家配合进行软件版本升级,从而日臻完善。

1.5.2 超高速光纤传输技术的发展

由于高速电子电路、光电器件的瓶颈效应,传统的电时分复用(TDM)光纤通信系统的传输速率到了 2.5 Gbit/s 时再向上发展已经很困难,宽带业务的发展对传输网又提出了更高的要求,因此采用最新的光时分复用(OTDM)和密集波分复用(DWDM)技术将势在必行(密集是指比普通波分复用的波长间隔更小,以 0.2 nm 或其整数倍为波长间隔)。现在有些生产厂家已能提供商用的 DWDM 产品,因此可以考虑在技术条件成熟及性能价格比较合理的情况下,在一些业务量大的专用汇接局之间采用 DWDM 技术。

1.5.3 SDH应用传输媒介扩展

在大多数情况下,传输网的媒介都是以光纤为主、无线为辅,在无线通信方面微波是一种重要的通信手段。SDH 微波传输系统与现有的 PDH 微波系统兼容,采用PDH140 Mbit/s系统原有的频道间隔,即 30 MHz 与 40 MHz 两种,但需要传送的比特率更高。目前商用系统的速率是 155 Mbit/s 和 2×155 Mbit/s,正在研究 622 Mbit/s 系统,除微波外今后卫星通信也要向 SDH 过渡,以有建议将 DXC 功能安装在卫星上,今后还可能实现星上交换与星上处理。

1.5.4 SDH应用于宽带接入技术

SDH 作为 B-ISDN 的传输技术必然要应用于接入网中。例如,用在基于光纤的 FTTH 或基于光纤同轴混合的 HFC 中;也可用在基于金属线的 VHDSL 或 BDSL 中,在较短的距离内传送 51 Mbit/s 或 155 Mbit/sSDH 信号；未来交换机将能提供基于 SDH 标准的光中继线；交换机的用户线将朝着 V5 方向发展，未来将能提供基于 SDH 的 V5.3 接口，这样一来，SDH 信号可以从交换机直接送到用户网络接口(UNI)。

习　题

(1) SDH 的含义是什么？

(2) SDH 的优点和缺点是什么？

(3) 试画出 SDH 帧结构示意图。

(4) 试画出我国规定的 SDH 复用结构示意图。

(5) SDH 指针的作用是什么？

(6) SDH 开销的作用是什么？

SDH系统设备

2.1 光传输标准

SDH是同步数字系列，为了建立世界统一的标准，ITU-T制定了有关SDH的标准和建议。SDH设备要求遵循表2-1所示ITU-T、ATM论坛、BELLCORE的建议或标准，并具有横向兼容性。

从物理接口、网络管理到信息模型，ZXMP S385设计遵循的ITU-T等关于SDH的系列标准及规范，如表2-1所示。

表2-1 ZXMP S385设计遵循的主要标准及规范列表

建 议	描 述
GB/T1.3	标准化工作导则第1单元:标准的起草与表述规则;第3部分:产品标准编写规定制(修)定
GB8405-87	光缆的环境性能实验方法
IEEE 802.17	弹性分组环访问模式和物理层规范
IEEE 802.1d(1998)	介质访问控制(MAC)桥协议
IEEE 802.1q(1998)	虚拟桥局域网
IEEE 802.1w(2001)	介质访问控制桥修订2:快速重配置
IEEE 802.3(2000)	带碰撞检测的载波监听多重访问方式及物理层定义
IEEE Std 802.3-2000	以太网的国际标准
IEEE802.2/3(1998)	局域网协议标准
IEEE802.3ad/D2.0	链路聚合功能
IETF RFC 1662(1994)	类似HDLC帧中的端对端协议
IETF RFC 1990(1996)	PPP多链路协议
IETF RFC1661	点到点协议(PPP)
IETF RFC2615	在SONET/SDH上的点到点协议
ISO10172	信息处理系统—开放系统互连—电信和信息交换网络/传送协议互通规范

续表

建　议	描　述
ISO10589	信息处理系统—系统域间电信和信息交换—与无连接模式网络服务(ISO8473)共同使用的中间系统—中间系统域内路由信息交换协议
ISO7498	信息处理系统—开放系统互连—管理框架
ISO8073/AD2	信息处理系统—开放系统互连—面向连接的传送协议规范
ISO8348	信息处理系统—数据通信网服务定义
ISO8473	信息处理系统—无连接模式网络服务数据通信协议
ISO8571.1	信息处理系统—开放系统互连—文件传送、访问和管理—第1部分:一般介绍
ISO8571.2	信息处理系统—开放系统互连—文件传送、访问和管理—第2部分:虚拟文件存储定义
ISO8571.3	信息处理系统—开放系统互连—文件传送、访问和管理—第3部分:文件服务定义
ISO8571.4	信息处理系统—开放系统互连—文件传送、访问和管理—第4部分:文件协议规范
ISO8648	信息处理系统—开放系统互连—网络层内部结构
ISO8802.2	信息处理系统—地区网—第2部分:逻辑链路控制
ISO8802.3	信息技术—地区和城域网—第3部分:具有碰撞检测的载波检测多路接入(CSMA/CD)接入方法和物理层规范
ISO9542	信息处理系统—系统间电信和信息交换—与无连接模式网络服务(ISO 8473)共同使用的末端系统—中间系统内路由信息交换协议
ISO9545-1	信息处理系统—开放系统互连—公共管理信息服务定义
ISO9546-1	信息处理系统—开放系统互连—公共管理信息协议规范
ITU-T G.652	单模光纤光缆的特性
ITU-T G.653	色散位移单模光纤光缆的特性
ITU-T G.655	非零色散位移单模光纤光缆的特性
ITU-T G.661	光纤放大器的相关通用参数的定义和测试方法
ITU-T G.663	与应用有关的光纤放大器和子系统的概貌
ITU-T G.691	带有光放大器的单信道SDH系统的光接口和STM-64系统
ITU-T G.692	带有光放大器的多信道系统的光接口
ITU-T G.703	系列数字接口的物理/电气特性
ITU-T G.704	1 544 kbit/s,6 312 kbit/s,2 048 kbit/s,8 448 kbit/s,44 736 kbit/s系列用的同步帧结构
ITU-T G.7041/Y.1303	通用成帧协议
ITU-T G.7042	链路容量调整方案
ITU-T G.706	与建议G.704规定的基本帧结构的帧定位和循环冗余检验程序
ITU-T G.707	SDH网络节点接口
ITU-T G.707(2000)	SDH网络节点接口
ITU-T G.773	传输系统管理用的Q接口协议栈
ITU-T G.774	SDH网元信息模型
ITU-T G.774.01	SDH网元性能监视

续表

建　议	描　述
ITU-T G.774.02	SDH 网元的净荷结构配置
ITU-T G.774.03	SDH 网元的复用段保护管理
ITU-T G.774.04	SDH 网元子网连接保护管理
ITU-T G.780	SDH 网络和设备术语汇编
ITU-T G.783	SDH 设备功能块的特性
ITU-T G.784	SDH 和管理
ITU-T G.803	基于 SDH 的传送网体系结构
ITU-T G.805	传送网通用功能结构
ITU-T G.810	同步网的有关定义和术语
ITU-T G.811	基准时钟的定时特性
ITU-T G.812	适用于同步网节点时钟的从时钟定时特性
ITU-T G.813	同步数字体系设备运行适用的从时钟定时特性
ITU-T G.823	基于 2 048 kbit/s 体系的数字网抖动和漂移的控制
ITU-T G.825	基于同步数字体系的数字网抖动和漂移的控制
ITU-T G.826	基群和基群以上速率国际恒定比特率数字通道的差错参数和指标
ITU-T G.831	基于 SDH 的传送网管理能力
ITU-T G.832	PDH 网中传送 SDH 单元:帧和复用结构
ITU-T G.841	SDH 网络保护结构的类型和特性
ITU-T G.842	SDH 网络保护结构的互通
ITU-T G.957	SDH 设备和系统的光接口
ITU-T G.958	基于 SDH 的光缆数字线路系统
ITU-T K.41	电信中心内部接口对浪涌电压的抵抗能力
ITU-T M.20	电信网的维护原理
ITU-T M.2100	国际 PDH 数字通道、段和传输系统投入业务和维护的性能限值
ITU-T M.2101	国际 SDH 数字通道、复用段投入业务和维护的性能限值
ITU-T M.2120	数字通道、段和传输系统的故障检测和定位规程
ITU-T M.3010	电信管理网(TMN)总则
ITU-T M.3400	TMN 管理功能
ITU-T Q.921	ISDN 的用户网络接口的数据链路规范
ITU-T T.50	国际参考字母数字(IRA)(前国际 5 号码或 IA5)—信息技术—信息交换用 7 位编码字符集
ITU-T V.11	在数据领域中通常同集成电路设备一起使用的平衡双流接口电路的电气特性
ITU-T V.24	数据终端设备(DTE)和数据电路终端设备(DCE)之间的接口电路定义表
ITU-T V.28	不平衡双流接口电路的电气特性
ITU-T X.208(ISO 8824)	抽象句法记法一(ASN.1)
ITU-T X.209(ISO 8825)	ASN.1 基本编码规则规范

续表

建 议	描 述
ITU-T X.21	共用数据网同步操作的数据终端设备和数据电路终端设备之间的接口
ITU-T X.214(ISO 8072)	信息技术—开放系统互连—运输服务定义
ITU-T X.215(ISO 8326)	ITU-T 应用的开放系统互连的会话服务定义
ITU-T X.216(ISO 8822)	ITU-T 应用的开放系统互连的表示服务定义
ITU-T X.217(ISO 8649)	ITU-T 应用的开放系统互连的联系控制服务定义
ITU-T X.219(ISO IS 9072-1)	远程操作:模型、记法和服务定义
ITU-T X.21 bit	设计可与同步 V 系列调制解调器接口的数据终端设备在公用数据网上的使用
ITU-T X.224(ISO 8073)	信息处理系统—开放系统互连—面向连接的传送协议规范
ITU-T X.225(ISO 8327)	ITU-T 应用的开放系统互连的会话协议规范
ITU-T X.226(ISO 8823)	ITU-T 应用的开放系统互连的表示协议规范
ITU-T X.229(ISO IS 9072-2)	远程操作:协议规范
ITU-T X.233	信息技术—提供无连接式网络服务的协议:协议规范
ITU-T X.25(ISO 8208)	数据终端设备和数据电路终端设备之间的 X.25 接口
ITU-T X.27	在数据通信领域中通常同集成电路设备一起使用的平衡双流接口电路的特性
ITU-T X.511(ISO9594-3)	信息技术—开放系统互连—号码簿:抽象服务定义
ITU-T X.519(ISO9594)	信息技术—开放系统互连—号码簿:协议规范
ITU-T X.622	信息技术用于提供无连接式网络服务的协议:借助于 X.25 子网提供基础服务
ITU-T X.710(ISO 9595)	管理信息服务定义:公共管理信息服务定义
ITU-T X.710(ISO 9596-1)	管理信息服务定义:公共管理信息协议
YD/T 1022-1999	SDH 设备功能要求
YD/T 1238-2002	基于 SDH 的多业务传送节点技术要求
YD/T 751-95	公用电话网局用数字电话交换设备进网检测方法
YDN 099-1998	光同步传输网技术体制(修订)

2.2 SDH 系统组成

ZXMP S385 光传输设备提供了高集成度和高性价比的传输系统解决方案,采用该设备组成的光传输系统可以实现设备等级、设备类型和各种业务类型接口板的良好兼容互换性。在同一个设备中可以配置 STM-1,STM-4 的单系统或任意组合的混合系统,也可以配置 ATM、以太网和数据业务接口单元,并可实现从 STM-1 在线升级到 STM-4。同时多 ADM 的系统结构使得 ZXMP S385 设备具备了灵活的组网能力,适用于点对点、链形网、环形网、星形网等各种网络拓扑。设备支持完备的路径保护和子网连接保护，同时还可在网元设备内实施设备级或单元级的设备保护。

系统的物理拓扑泛指网络的形状，即网络节点和传输线路的几何排列，它反映了网络节点在物理上的连接性。网络的效能、可靠性、经济性在很大程度上都与具体的网络结构有关。网络的基本物理拓扑结构有 5 种，如图 2-1 所示。

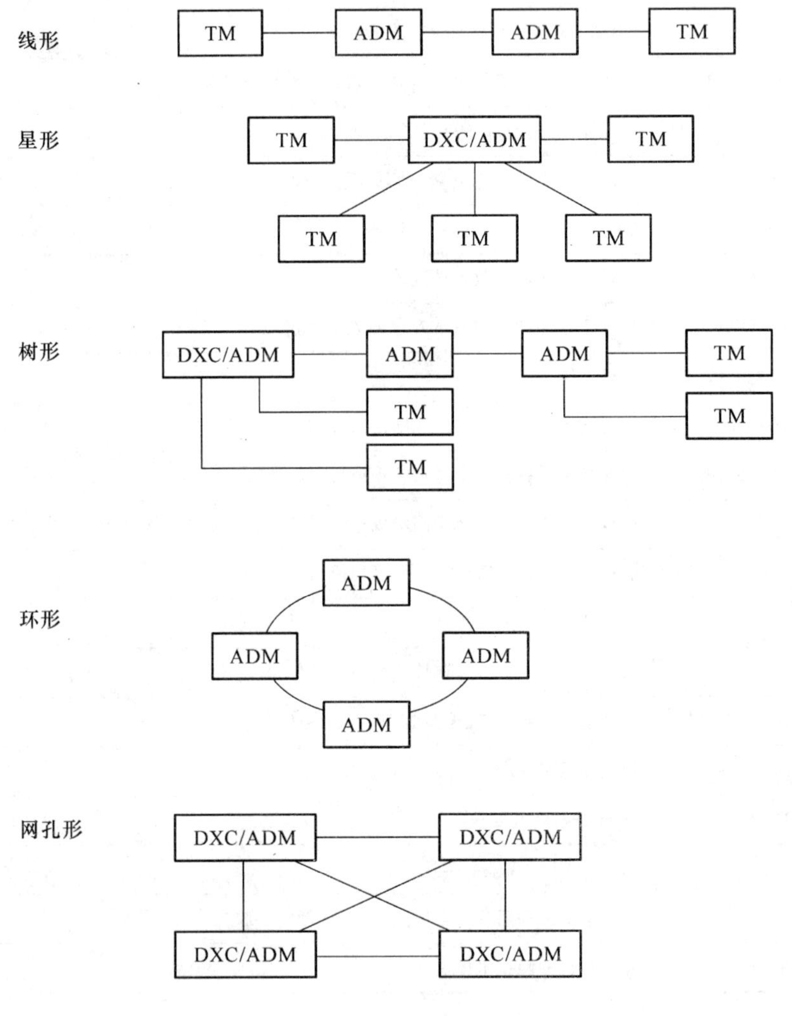

图 2-1　SDH 网络的物理拓扑图

(1) 线形

将通信网中的所有节点串联起来，并使首尾两个节点开放就形成了线形拓扑。在这种拓扑结构中，为了使两个非相邻节点之间完成连接，其间的所有节点都应完成连接。线形拓扑是 SDH 早期应用的比较经济的网络拓扑形式。这种结构无法应付节点和链路失效问题，生存性较差。

(2) 星形(枢纽形)

将通信网中的一个特殊的枢纽节点与其余所有节点相连，而其余所有节点之间互相

不能直接相连时，就形成了星形拓扑，又称枢纽形拓扑。在这种拓扑结构中，除枢纽节点之外的任意两节点间的连接都是通过枢纽节点进行的，枢纽节点为经过的信息流进行路由选择并完成连接功能。这种网络拓扑可以将枢纽站节点的多个光纤终端连接成一个统一的网络，进而实现综合的带宽管理。这种结构对枢纽节点依靠性过大，存在枢纽点的潜在瓶颈问题和失效问题。

(3) 树形

将点到点拓扑单元的末端节点连接到几个特殊节点时就形成了树形拓扑。树形拓扑可以看成是线形拓扑和星形拓扑的结合。这种拓扑结构适合于广播式业务，但存在瓶颈问题和光功率预算限制问题，不适用于提供双向通信业务。

(4) 环形

将通信网中的所有节点串联起来，而且首尾相连，没有任何节点开放时，就形成了环形网。线形网的首尾两个开放节点相连时就变成了环形网。在环形网中，为了完成两个非相邻节点之间的连接，这两个节点之间的所有节点都应完成连接功能。这种网络拓扑的最大优点是具有很高的生存性，这对现代大容量光纤网络是至关重要的，因而环形网在SDH 网中受到特殊重视。

(5) 网孔形

将通信网的许多节点直接互连时就形成了网孔形拓扑，如果所有的节点都直接互连时则称为理想网孔形拓扑。在非理想网孔形拓扑中，没有直接相连的两个节点之间需要经由其他节点的连接功能才能实现连接。网孔形结构不受节点瓶颈问题和失效的影响，两节点间有多种路由可选，可靠性很高，但结构复杂、成本较高，适用于业务量很大且分布又比较均匀的干线网。

综上所述，所有这些拓扑结构都各有特点，在网中都有可能获得不同程度的应用。网络拓扑的选择应考虑众多因素，如网络应有高生存性、网络配置应当容易、网络结构应当适于新业务的引进。实际网络中，不同的网络部分采用的拓扑结构也可以不同。例如，本地网(即接入网或用户网)中，一般采用环形和星形拓扑结构，有时也采用线形拓扑；在市内局间中继网中，一般采用环形和线形拓扑；长途网则采用网孔形拓扑。

2.3 ZXMP 光传输系列产品

中兴通讯基于 SDH 的多业务节点设备可以满足从核心层、汇聚层到接入层的所有应用，为用户提供了面向未来的城域网整体解决方案。

图 2-2 所示为中兴通讯基于 SDH 的多业务节点设备产品的应用示意图。整个系列包括 ZXMP S390，ZXMP S385，ZXMP S380，ZXMP S330，ZXMP S325，ZXMP S320，ZXMP S310，ZXMP S200，ZXMP S100。

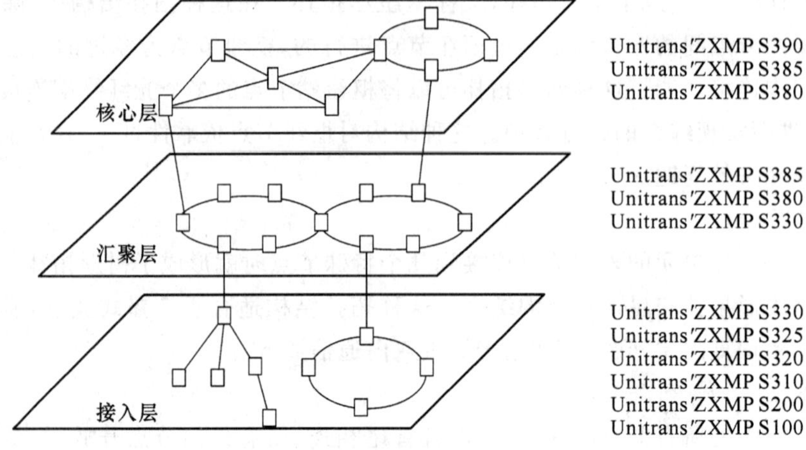

图 2-2 中兴通讯 SDH 传输产品 ZXMP 系列应用示意图

2.4 SDH 设备

SDH 传输网是由不同类型的网元通过光缆线路连接组成的,通过不同的网元完成 SDH 网的传送功能,这些功能包括:上下业务、交叉连接业务、网络故障自愈。SDH 网中常见网元有终端复用器、分插复用器、再生中继器(REG)、数字交叉连接设备(DXC)。

2.4.1 终端复用器

终端复用器用于网络的终端节点上,如图 2-3 所示。

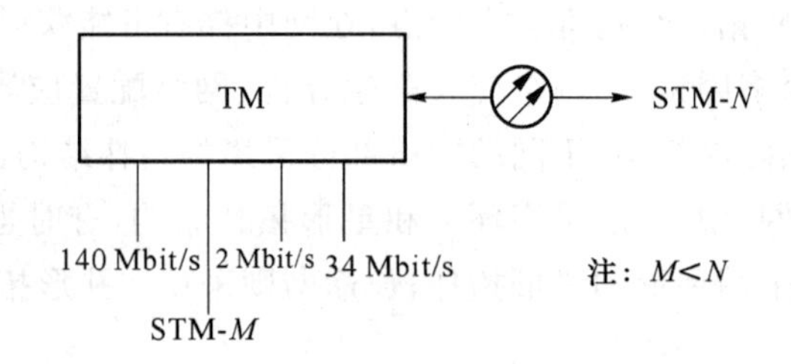

图 2-3 终端复用器模型图

它的作用是将支路端口的低速信号复用到线路端口的高速信号 STM-N 中,或从 STM-N 的信号中分出低速支路信号。它的线路端口输入/输出一路 STM-N 信号,而支路端口可以输入/输出多路低速支路信号。在将低速支路信号复用进线路信号的 STM-N 帧时,支路信号在线路信号 STM-N 中的位置可任意指定。

2.4.2 分插复用器

分插复用器用于 SDH 传输网络的转接点处,如链的中间节点或环上节点,是 SDH 网上使用最多、最重要的一种网元,如图 2-4 所示。

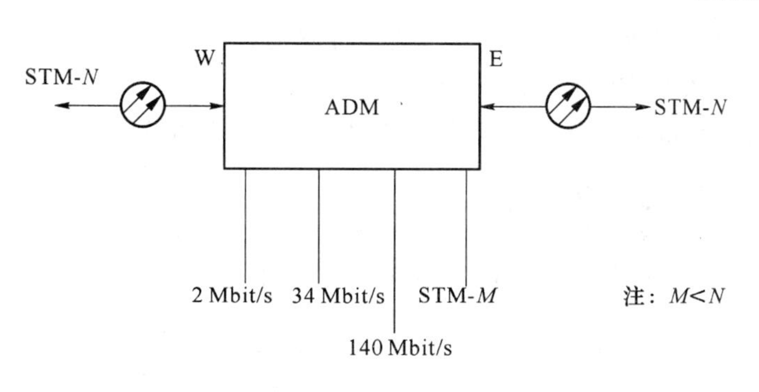

图 2-4 分插复用器模型图

ADM 有两个线路端口和一个支路端口。两个线路端口各接一侧的光缆(每侧收/发共两根光纤)，为了描述方便将其分为西向(W)、东向(E)两个线路端口。ADM 的作用是将低速支路信号交叉复用到线路上去，或从线路端口收到的线路信号中拆分出低速支路信号。另外，还可将东/西向线路侧的 STM-N 信号进行交叉连接。ADM 是 SDH 最重要的一种网元，通过它可等效成其他网元，即能完成其他网元的功能，如 ADM 可等效成两个 TM。

2.4.3 再生中继器

光传输网的再生中继器(REG)有两种：一种是纯光学的再生中继器，用于光功率放大以延长光传输距离；另一种是用于脉冲再生整形的电再生中继器，通过光/电变换(O/E)、电信号抽样、判决、再生整形、电/光变换(E/O)等处理，以达到不积累线路噪声、保证传送信号波形完好的目的。此处指的是后一种再生中继器，REG 只有两个线路端口，如图 2-5 所示。

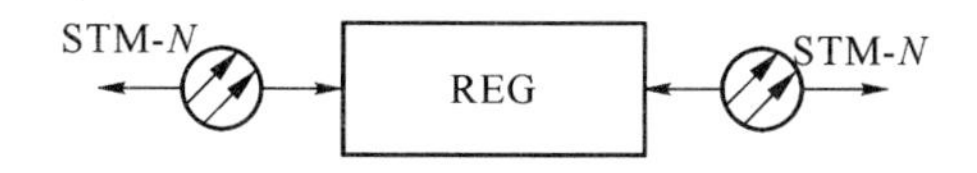

图 2-5 再生中继器模型图

REG 的作用是将接收的光信号经 O/E、抽样、判决、再生整形、E/O 后在对侧发出。

真正的 REG 只处理 STM-N 帧中的 RSOH，并且不具备交叉连接功能。而 ADM 和 TM 因为要完成将低速支路信号复用到 STM-N 帧中，所以不仅要处理 RSOH，而且还要处理 MSOH，另外 ADM 和 TM 都具有交叉连接功能。

2.4.4 数字交叉连接设备

数字交叉连接设备完成 STM-N 信号的交叉连接，它实际上相当于一个交叉矩阵，完成各个信号间的交叉连接，如图 2-6 所示。

DXC 可将输入的 M 路 STM-N 信号交叉连接到输出的 N 路 STM-N 信号上。DXC 的核心是交叉矩阵，功能强大的 DXC 能够实现高速信号在交叉矩阵内的低级别交叉。

通常用 DXCm/n 来表示一个 DXC 的类型和性能($m \geqslant n$)，m 表示可接入 DXC 的最高速率等级，n 表示在交叉矩阵中能够进行交叉连接的最低速率级别。m 越大表示 DXC

的承载容量越大；n 越小表示 DXC 的交叉灵活性越大。数字 0 表示 64 kbit/s 电路速率；数字 1,2,3,4 分别表示 PDH 体制中的 1～4 次群速率，其中，4 也代表 SDH 体制中的 STM-1 等级；数字 5 和 6 分别代表 SDH 体制中的 STM-4 和 STM-16 等级。

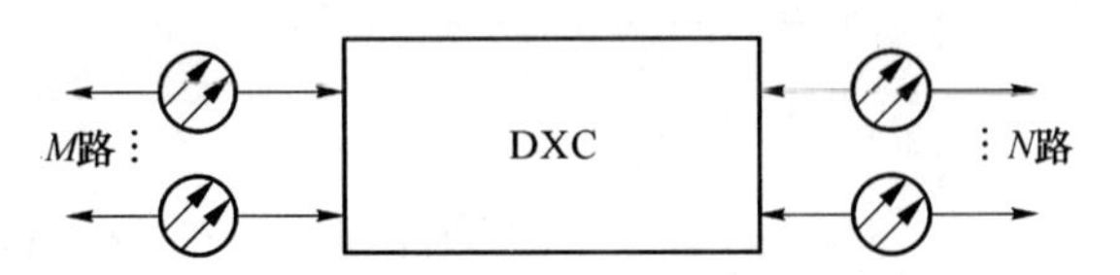

图 2-6　数字交叉连接设备模型图

例如，DXC1/0 表示接入端口的最高速率为 PDH 一次群信号，而交叉连接的最低速率为 64 kbit/s；DXC4/1 表示接入端口的最高速率为 STM-1，而交叉连接的最低速率为 PDH 一次群信号。

习　　题

(1) 试画出 SDH 网络的物理拓扑图。

(2) ZXMP 光传输系列产品主要有哪些？

(3) SDH 设备主要有哪几种类型？

(4) ZXMP S385 设备主要应用在__________层和__________层。

ZXMP S385设备

ZXMP S385 设备是中兴通讯股份有限公司根据传送网的现状和发展趋势而推出的多业务传送平台(MSTP)。该设备充分吸收了中兴公司在 SDH 领域内的科研成果和数据通信产品开发方面的经验,开发并使用了一系列拥有自主知识产权的芯片,提高了设备的集成度。

ZXMP S385 系列设备具有统一的网络管理平台,可对传输网络进行集中操作、维护和管理,实现业务的配置与调度,保证网络的安全运行。

3.1 系统结构

3.1.1 网元结构

ZXMP S385 是中兴通讯推出的基于 SDH 的多业务节点设备,最高传输速率为 9953.280 Mbit/s。

1. 支持标准

ZXMP S385 支持 SDH 体制,遵循 ITU G.707 的映射结构。

2. 业务功能

(1) 传统 SDH 业务

ZXMP S385 可提供 STM-1～STM-64 速率的标准光接口、STM-1 电接口、E1/T1 电接口、E3/T3 电接口。

(2) 数据业务

ZXMP S385 提供透传的 POS 光接口、千兆以太网(GE)光接口、快速以太网(FE)光/电接口和异步转移模式接口,采用了以先进的专用芯片、大规模 FPGA 和网络处理器为核心的 MSTP 技术,实现了以太网专线(EPL)、以太网虚拟专线(EVPL)、以太网专网(EPLAN)和以太网虚拟专网(EVPLAN)等功能。

3. 网管支持软件

ZXMP S385 由 Unitrans ZXONM E300 光网络产品网元/子网层统一网管(以下简称 ZXONM E300)完成软件管理,具有故障管理、性能管理、安全管理、配置管理、维护管理和系统管理功能。

4. 保护功能

ZXMP S385 具备完善的设备和网络保护功能，高度的系统可靠性和稳定性。设备保护功能包括冗余设计、单板 1+1 热备份、支路 1∶N 保护等，网络保护功能包括 1+1 链路复用段保护、二纤单向通道保护环、二纤双向复用段保护环、四纤双向复用段保护环（V2.10 支持）、双节点互连（DNI）保护、子网连接（SNCP）保护。

5. 适用范围

强大的网管、丰富的接口以及完善的保护机制使得 ZXMP S385 能够广泛运用于现在与未来的干线网、本地网和城域网。

6. 设备结构

ZXMP S385 提供 2 000 mm、2 200 mm 和 2 600 mm 三种机柜。子架作为设备的核心组件安装在 ZXMP S385 机柜中。高度为 2 000 mm 的机柜只能安装一个子架，高度为 2 200 mm 和 2 600 mm 的机柜既可以安装一个子架也可以安装两个子架。通过子架中单板的不同配置实现设备的各项功能。以 2 200 mm 机柜为例，ZXMP S385 的机柜结构及配置如图 3-1 所示。

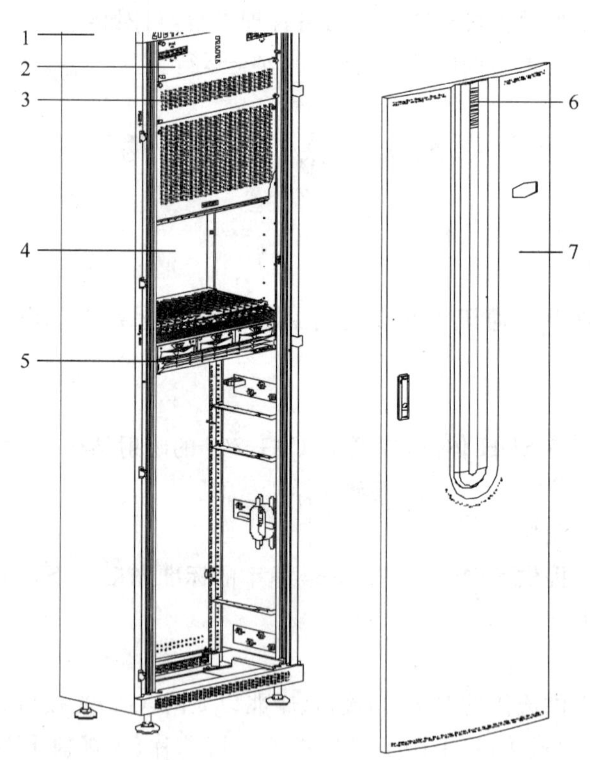

1—机柜；2—电源分配箱；3—走线区；4—子架；5—防尘单元；6—告警灯；7—前门

图 3-1　ZXMP S385 机柜结构及配置图

3.1.2　网管系统

ZXMP S385 采用 ZXONM E300 网管软件，实现设备硬件系统与传输网络的管理和监视，协调传输网络的工作。

ZXONM E300 系统采用 4 层结构，分别为设备层、网元层、网元管理层和子网管理层，并可向网络管理层提供 Corba 接口。

1. 层次介绍

ZXONM E300 网管系统的层次结构如图 3-2 所示。

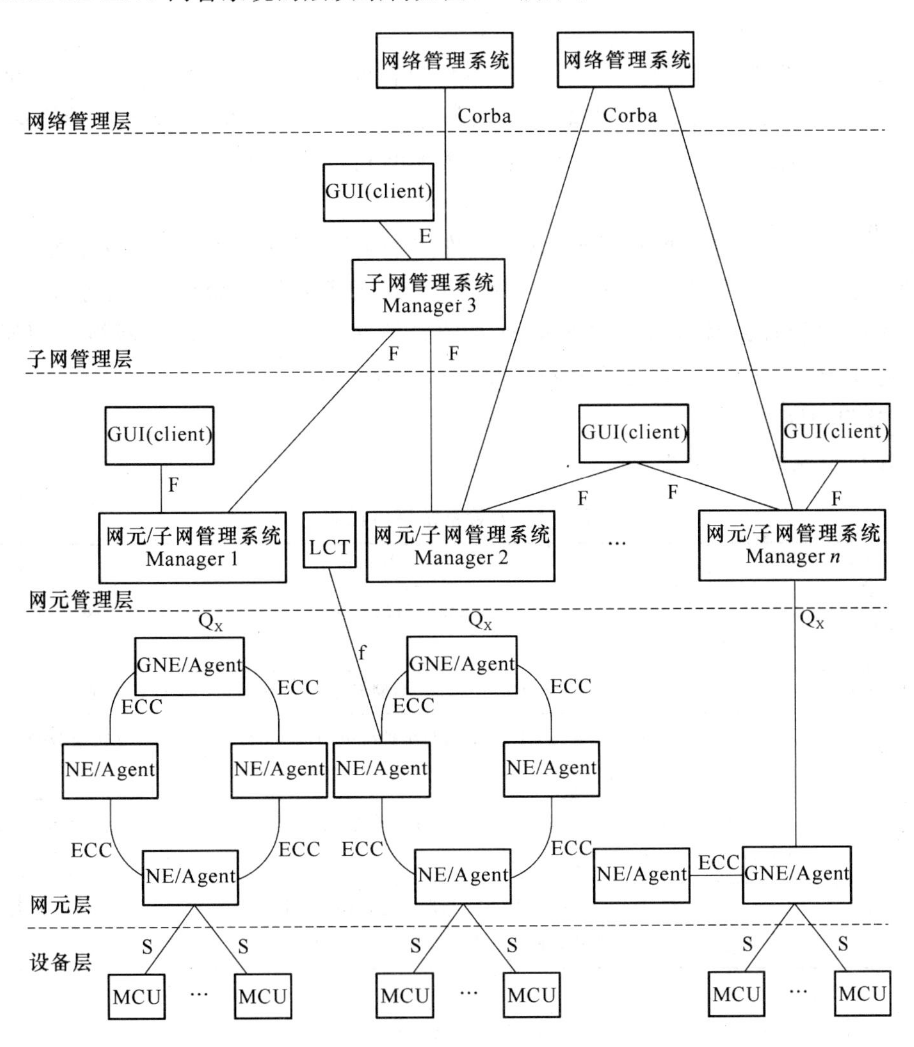

图 3-2　网管软件层次结构图

(1) 设备层

负责监视单板的告警和性能状况，接收网管系统命令，控制单板实现特定的操作，由一些微控制单元(MCU)构成。

(2) 网元层(NE)

在网管系统中为Agent,执行对单个网元的管理职能,在网元上进行初始化时对各单板进行配置处理,正常运行状态下负责监控整个网元的告警、性能状况,通过网关网元接收网元管理层的监控命令并进行处理。

(3) 网元管理层

包括管理者(Manager)、用户界面(GUI)和本地维护终端(LCT),用于控制和协调多个网元设备的运行。

- 网元管理层的核心为Manager(或服务器Server),可同时管理多个子网,控制和协调网元设备。
- GUI提供图形用户界面,将用户管理要求转换为内部格式命令下发至Manager。
- LCT通过控制用户权限和软件功能部件实现GUI和Manager的一种简单合成,提供弱化的网元管理功能,主要用于本地网元的开通维护。

(4) 子网管理层

子网管理层的组成结构和网元管理层类似,对网元的配置、维护命令通过网元管理层的网管间接实现。子网管理系统通过管理系统给网元下发控制命令,网元将命令的执行结果通过网元管理系统反馈给子网管理系统。子网管理系统可以为网络管理层提供Corba接口,传递子网监控指令和运行信息。

2. 接口说明

各接口说明如表3-1所示。

表3-1 网管系统接口说明

接口名称	接口说明
Qx接口	Agent与Manager的接口,即网元控制板与Manager程序所在计算机的接口,遵循TCP/IP协议
F接口	GUI与Manager、子网管理层Manager与网元管理层Manager的接口,遵循TCP/IP协议
f接口	Agent与LCT的接口,即NCP板与维护终端的接口,维护终端安装有相应的网管软件,遵循TCP/IP协议
S接口	Agent与MCU的接口,即NCP板与单板的通信接口。S接口采用基于HDLC通信机制进行一点对多点的通信
ECC接口	Agent与Agent的接口,即网元与网元之间的通信接口。ECC接口采用DCC进行通信,可考虑同时支持自定义通信协议和标准协议,在Agent上完成网桥功能

3.2 ZXMP S385 设备特点

3.2.1 接口

ZXMP S385提供了丰富的业务接口,包括STM-64,STM-16,STM-4,STM-1光接

口;STM-1 电接口;E3,T3,E1,T1 速率的 PDH 电接口;10 M/100 M 以太网电接口、100 M以太网光接口和 1000 M 以太网光接口。

1. 接口指标

接口指标包括光、电接口、接口上的抖动指标。

(1) 光接口指标

① 传输码型

有关光纤系统的大量运行经验表明,各种线路码型在实际性能上的差异不大,ITU-T 为了就线路码型达成世界性的标准,最终采纳了最简单的 NRZ 加扰码方式。这种码型的线路速率不增加,无光功率代价,误码监视问题可以通过开销中的专用误码监视字节解决,不必依靠线路码型本身,缺点在于不能完全防止信息序列的长连 0 或长连 1 的出现。在实际应用中,只要接收机定时提取电路的 Q 值(品质因数)足够高,就不会发生问题。

ZXMP S385 采用 NRZ 加扰码,扰码为符合 G.707 要求的七级同步扰码器扰码。

② 光发送信号的眼图模框

发送光脉冲通常可能有上升沿、下降沿、过冲、下冲和振荡现象,这些都可能导致接收机灵敏度的劣化,因此必须加以限制。

为防止接收机灵敏度过分劣化,要对发送信号的波形加以限制,通常是用在发送点 S 上发送的眼图模框来规范发送机发出的光发送信号的脉冲形状。为此规范了在 S 点的传输眼图模板。ZXMP S385 的眼图符合图 3-3 所示的模框。

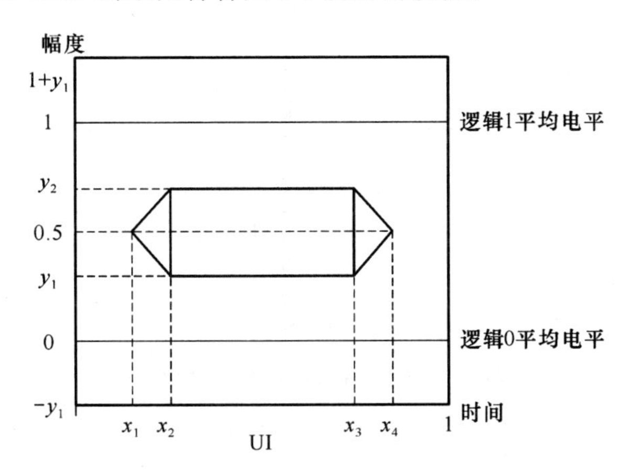

图 3-3 光发送信号眼图模框

③ 平均发送光功率

发送机发送的光功率与传送的数据信号中 1 所占的比例有关,1 越多发送光功率越大。

当传送的数据信号是伪随机序列时,1 和 0 大致各占一半,将这种情况下的光功率定义为平均发送光功率。

ZXMP S385 STM-N 平均发送光功率参数如表 3-2 所示。

表 3-2　STM-N 平均发送光功率/dBm

	STM-1	STM-4	STM-16	STM-64
长距离指标	－5～0	－3～＋2	－2～＋3	L-64.2c1：－2～＋2 L-64.2c2：＋3～＋6
短距离指标	－8～－15	－8～－15	－5～0	S-64.2b：－1～＋2

④ 平均接收光功率

平均接收光功率是上(下)游站点发送机发送过来的，耦合到光纤的伪随机数据序列的平均功率在本站点的测试值。

测量平均接收光功率的测量目的是检查光缆线路有无断路、实际损耗、各接口的连接是否良好。

平均接收光功率的要求为：平均接收光功率应大于相应型号光板的最差灵敏度而小于相应型号光板的过载光功率。

⑤ 消光比

消光比是最坏反射条件时，全调制条件下，发射光信号平均光功率与不发射光信号平均光功率的比值。

ZXMP S385 消光比指标如表 3-3 所示。

表 3-3　STM-N 光接口消光比指标/dB

项　目	STM-1 S-1.X	STM-1 L-1.X	STM-4 S-4.X	STM-4 L-4.X	STM-16	STM-64 S-64.2X	STM-64 L-64.2X
最小消光比	8.2	10	8.2	10	8.2	8.2	10

⑥ 接收机灵敏度

接收机灵敏度是在接收点 R 参考点上，达到规定的误比特率(BER)所能接收到的最低平均光功率。

ZXMP S385 STM-*N* 接收机灵敏度如表 3-4 所示。

表 3-4　STM-N 接收机灵敏度/dBm

项　目	STM-1 S-1.X	STM-1 L-1.X	STM-4	STM-16 L-16.1	STM-16 L-16.2	STM-64 L-64.2c1	STM-64 L-64.2c2	STM-64 S-64.2b
最差灵敏度	－28	－34	－28	－27	－28	－22	－22	－14

⑦ 接收机过载光功率

接收机过载光功率定义为使 R 点处达到规定的误比特率所需要的平均接收光功率可允许的最大值。

接收机过载光功率如表 3-5 所示。

表 3-5　STM-N 接收机过载光功率/dBm

项　目	STM-1 S-1.X	STM-1 L-1.X	STM-4	STM-16 L-16.1	STM-16 L-16.2	STM-64 L64.2c1	STM-64 L64.2c2	STM-64 S-64.2b
最小过载点	−8	−10	−8	−9	−9	−9	−9	−1

注：测试是在 $BER=1\times10^{-10}$ 条件下进行的。

⑧ 光输入口允许频偏

输入口允许频偏是指当输入口接收到频偏在规定范围内的信号时，输入口仍能正常工作（通常用设备不出现误码来判断）。

ZXMP S385 光输入口允许频偏大于±20 ppm，$1\ \text{ppm}=1\times10^{-6}$。

⑨ 光输出口告警指示信号比特率

告警指示信号（AIS）比特率是指当 SDH 设备输入口光信号丢失等故障情况下，从输出口向下游发 AIS 信号，要求其速率偏差应在一定的容限范围内。

ZXMP S385 光输出口 AIS 速率在±20 ppm 以内。

（2）电接口指标

ZXMP S385 支持 T1，E1，E3，T3，STM-1 电信号，各电信号的比特率和码型如表 3-6 所示。

表 3-6　ZXMP S385 电信号码型

电信号类型	比特率/($kbit\cdot s^{-1}$)	码　型
T1	1544	传号交替反转码（AMI）、8 连零置换双极性码（B8ZS）
E1	2048	3 阶高密度双极性码（HDB3）
E3	34368	
T3	44736	3 连零置换双极性码（B3ZS）
STM-1	155520	代码标记反转码（CMI）

① 输入口允许衰减、允许频偏及输出口信号比特率容差。

- 输入口允许衰减：要求输入口在接收到经标准连接电缆衰减后的信号时仍能正常工作（通常用设备不出现误码来判定设备工作是否正常）。
- 输入口允许频偏：当输入口接收到频偏在规定范围内的信号时，输入口仍能正常工作（通常用设备不出现误码来判定设备工作是否正常）。
- 输出口信号比特率容差：实际数字信号的比特率和规定的标称比特率的差异程度，应不超过各级接口差别允许的范围，即容差。

ZXMP S385 输入口允许衰减、输入口允许频偏、输出口信号比特率容差满足表 3-7 所示的要求。

表 3-7 输入口允许衰减、允许频偏以及输出口信号比特率容差

接口类型	输入口允许衰减 〔平方根规律衰减〕	输入口允许频偏	输出口比特率 容差
T1	0～6 dB,772 kHz	大于±32 ppm	小于±32 ppm
E1	0～6 dB,1 024 kHz	大于±50 ppm	小于±50 ppm
E3	0～12 dB,17 184 kHz	大于±20 ppm	小于±20 ppm
T3	0～12 dB,22 368 kHz	大于±20 ppm	小于±20 ppm
STM-1(e)	0～12.7 dB,78 MHz	大于±20 ppm	小于±20 ppm

注:1 ppm=1×10^{-6}。

② 输入/输出口反射衰减

输入口或输出口的实际阻抗和标称阻抗的差异会导致信号反射,其反射须控制在一定的范围内,该指标用反射衰减来规范。

ZXMP S385 各电接口的输入/输出口反射衰减指标要求如表 3-8 所示。

表 3-8 输入/输出口反射衰减指标要求

接口比特率/(kbit·s^{-1})		测试频率范围/kHz	反射衰减/dB
2 048	输入口	51.2～102.4	≥12
2 048	输入口	102.4～2 048	≥18
2 048	输入口	2 048～3 072	≥14
2 048	输出口	51～102	≥6
2 048	输出口	102～3 072	≥8
34 368	输入口	860～1 720	≥12
34 368	输入口	1 720～34 368	≥18
34 368	输入口	34 368～51 550	≥14
34 368	输出口	1 720～51 550	≥6
34 368	输出口	102～3 072	≥8
44 736	输入口	860～1 720	≥12
44 736	输入口	1 720～34 368	≥18
44 736	输入口	34 368～51 550	≥14
44 736	输出口	1 720～51 550	≥6
44 736	输出口	102～3 072	≥8
155 520	输入/输出口	8 000～240 000	≥15

③ 输入口抗干扰能力

如果在数字配线架上和数字输出口的阻抗失配,会在接口处产生信号反射。为了保证对这种信号反射有适当的承受能力,要求输入口满足:当输入口加入一个干扰信号时不

应产生误码。干扰信号与主信号具有相同的标称频率及容差，具有相同的波形及码型，但两者不同源，主信号与干扰信号比为 18 dB。

ZXMP S385 满足上述要求。

④ 输出口波形

输出口波形是指在输出口规定的测试负载阻抗条件下，所测得的信号波形参数，指标应符合 G.703 建议的模板。ZXMP S385 各速率电输出口波形满足模板要求。

a. 1 544 kbit/s 电接口

1 544 kbit/s 电接口的输出脉冲模板图如图 3-4 所示。

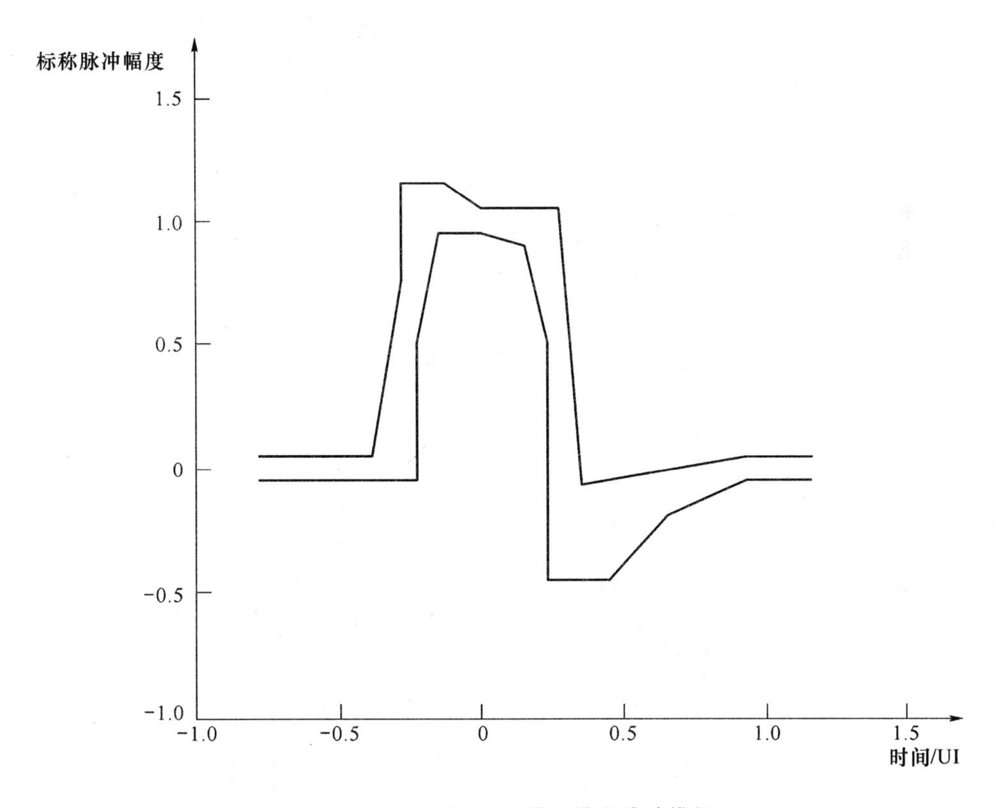

图 3-4　1 544 kbit/s 电接口输出脉冲模板

b. 2 048 kbit/s 电接口

2 048 kbit/s 电接口的输出脉冲模板图如图 3-5 所示。

c. 34 368 kbit/s 电接口

34 368 kbit/s 电接口输出脉冲模板如图 3-6 所示。

d. 44 736 kbit/s 电接口

44 736 kbit/s 电接口的输出脉冲模板图如图 3-7 所示。

e. 155 520 kbit/s 电接口

155 520 kbit/s 电接口 0 和 1 输出脉冲模板图分别如图 3-8 和图 3-9 所示。

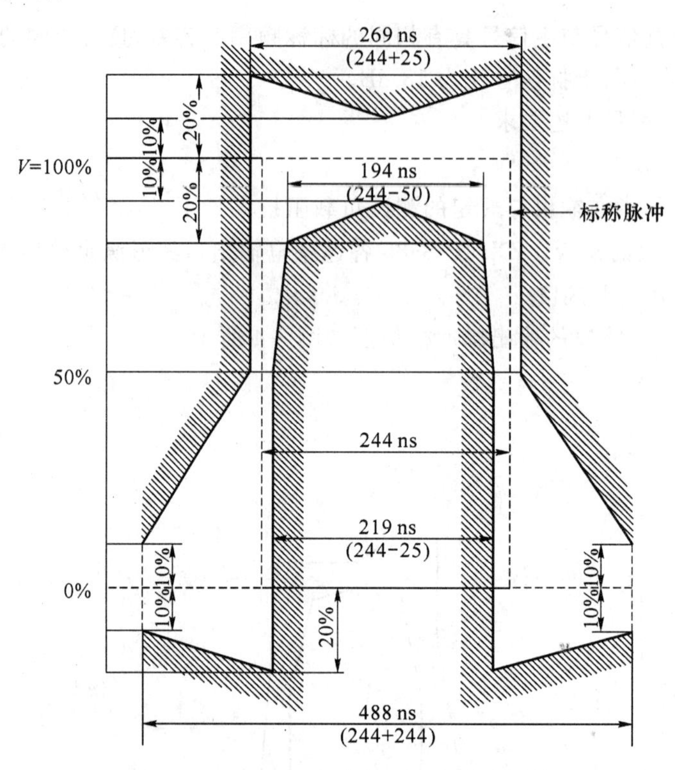

图 3-5　2 048 kbit/s 电接口输出脉冲模板

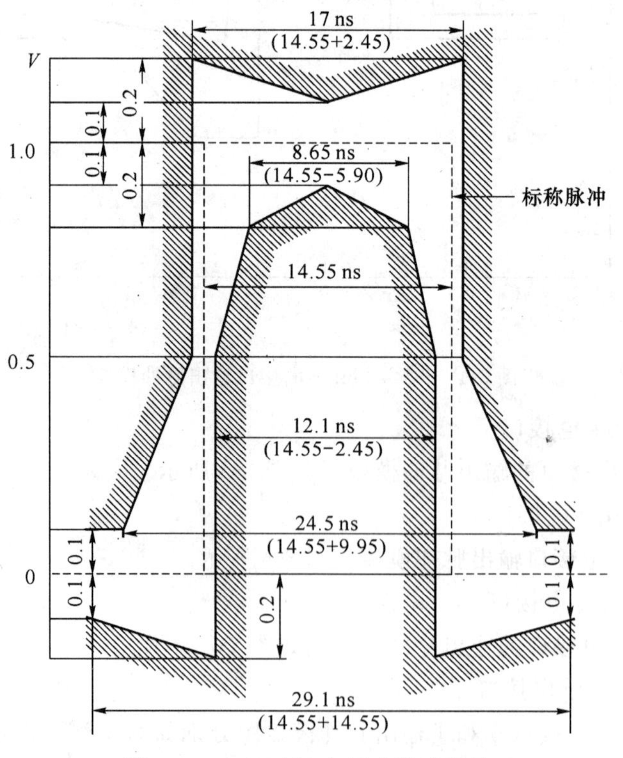

图 3-6　34 368 kbit/s 输出脉冲模板

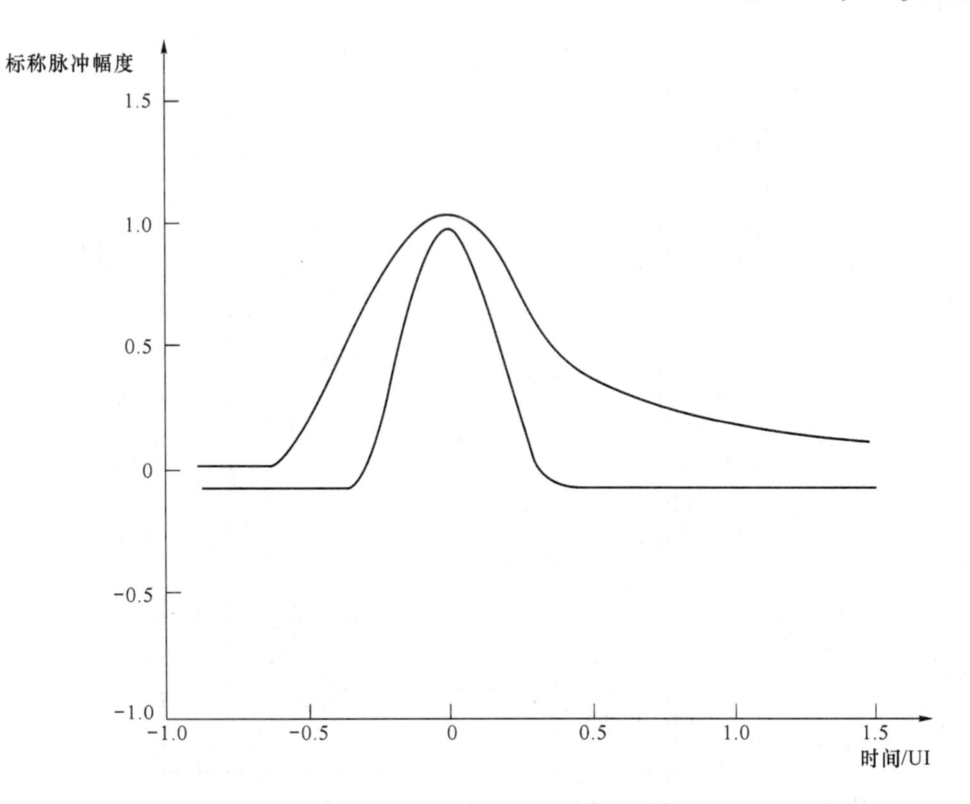

图 3-7 44 736 kbit/s 电接口输出脉冲模板

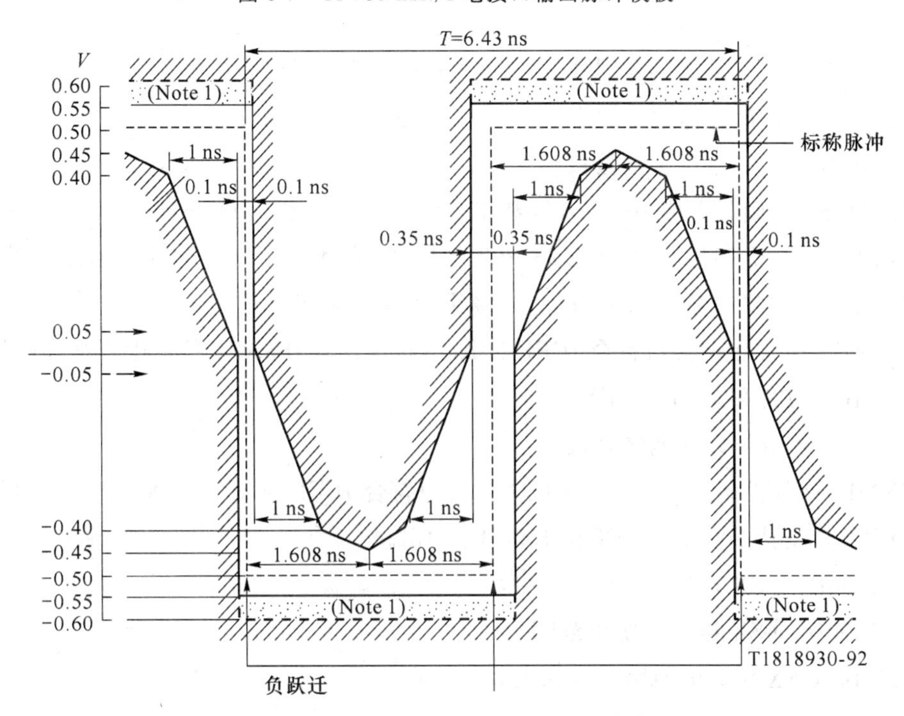

图 3-8 155 520 kbit/s 电接口 0 输出脉冲模板

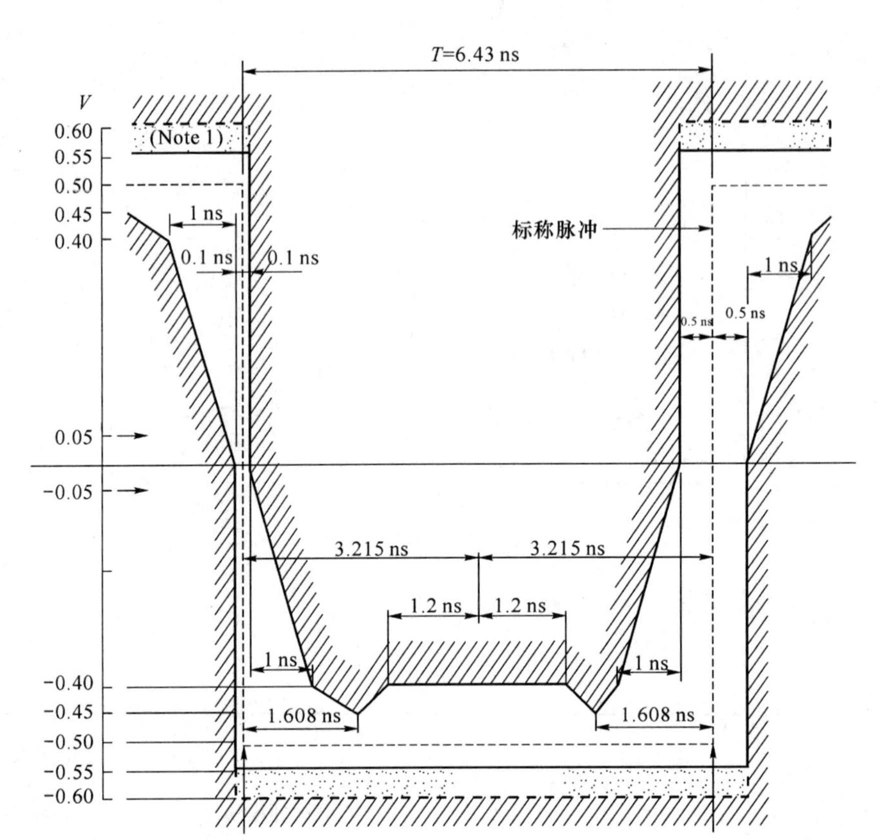

图 3-9　155 520 kbit/s 电接口 1 输出脉冲模板

(3) 以太网接口指标

① 10/100 Mbit/s 以太网接口

ZXMP S385 设备支持 10 Mbit/s 和 100 Mbit/s 以太网接口。

10 Mbit/s 以太网接口符合 IEEE 802.3 标准，物理层接口上采用曼彻斯特编码，用 0.85 V 和－0.85 V 分别表示 1 和 0。电缆采用 10Base-T。

100 Mbit/s 以太网接口符合 IEEE 802.3u 标准。100Base-T 技术中可采用两类传输介质：100Base-TX 和 100Base-FX。

② 1000 Mbit/s 以太网物理接口

ZXMP S385 设备 1000 Mbit/s 以太网接口符合 IEEE 802.3z 标准。1000 Mbit/s 以太网物理接口支持 1000Base-SX 和 1000Base-LX。

a. 1000Base-SX 接口

• 1000Base-SX 接口的使用范围

1000Base-SX 接口的使用范围如表 3-9 所示。

表 3-9 1000Base-SX 接口的使用范围

光纤类型	模宽 850 nm(最小满负载发送)/(MHz・km)	传输范围/m
62.5 μm MMF	160	2～220
62.5 μm MMF	200	2～275
50 μm MMF	400	2～500
50 μm MMF	500	2～550

注:MMF 是多模光纤。

- 1000Base-SX 接口的发送特性

1000Base-SX 接口的发送特性如表 3-10 所示。

表 3-10 1000Base-SX 接口的发送特性

项　目	62.5 μm MMF	50 μm MMF	单　位
波长(范围)	770～860		nm
平均发送光功率(最大值)	注		dBm
平均发送光功率(最小值)	−9.5		dBm
发送器关断时平均发送光功率(最大值)	−30		dBm
消光比(最小值)	9		dB

注:最大平均发送功率应取平均接收功率最大值(见表 3-11)与 IEEE803.2 规定的 1 类安全限中的小值。

- 1000Base-SX 接口的接收特性

1000Base-SX 接口的接收特性如表 3-11 所示。

表 3-11 1000Base-SX 接口的接收特性

项　目	62.5 μm MMF	50 μm MMF	单　位
波长(范围)	770～860		nm
平均接收光功率(最大值)	0		dBm
接收灵敏度	−17		dBm
回损(最小值)	12		dB
加强接收灵敏度	−12.5	−13.5	dBm

b. 1000Base-LX 接口

- 1000Base-LX 接口的使用范围

1000Base-LX 接口的使用范围如表 3-12 所示。

表 3-12 1000Base-LX 接口的使用范围

光纤类型	模宽 1 300 nm(最小满负载发送)/(MHz・km)	传输范围/m
62.5 μm MMF	500	2～550
50 μm MMF	400	2～550
50 μm MMF	500	2～550
10 μm MMF	N/A	2～5000

注:N/A 表示无具体规范。

• 1 000Base-LX 接口的发送特性

1 000Base-LX 接口的发送特性如表 3-13 所示。

表 3-13　1 000Base-LX 接口的发送特性

项　目	62.5 μm MMF	50 μm MMF	10 μm SMF	单　位
波长(范围)	1 270～1 355			nm
平均发送光功率(最大值)	−3			dBm
平均发送光功率(最小值)	−11.5	−11.5	−11.0	dBm
发送器关断时平均发送光功率(最大值)	−30			dBm
消光比(最小值)	9			dB

• 1 000Base-LX 接口的接收特性

1 000Base-LX 接口的接收特性如表 3-14 所示。

表 3-14　1 000Base-LX 接口的接收特性

项　目	62.5 μm MMF	50 μm MMF	10 μm SMF	单　位
波长(范围)	1 270～1 355			nm
平均接收光功率(最大值)	−3			dBm
接收灵敏度	−19			dBm
回损(最小值)	12			dB
加强接收灵敏度	−14.4			dBm

3.2.2　功能

1. 多业务支持功能

ZXMP S385 利用 SOH 中的开销字节提供额外的数据接口，包括公务电话、RS422/232 接口、64 kbit/s 速率的 F1 接口，同时，还提供灵活的开销通路上、下方式。

2. 开销的透传功能

ZXMP S385 支持开销的透传，即各 STM-*N* 信号的复用段和再生段开销(除 A1，A2，B1，B2，M1 外)可以透明传送到其他 STM-*N* 线路或 STM-1 电接口支路。这一功能使网络建设更灵活，并解决了光纤资源的紧张情况，保证了网管的统一性和网管信息的连续性。

3. 交叉能力

ZXMP S385 接入能力为 140 Gbit/s(896×896 AU-4)，空分交叉能力为 180 Gbit/s(1152×1152 AU-4)。

V2.00 支持 TCS64，时分交叉能力为 2×5 Gbit/s(等效 2×32×32 AU-4)。

V2.10 支持 TCS256，时分交叉能力为 40 Gbit/s(等效 256×256 AU-4)。

4. 设备和网络的保护能力

(1) 设备保护能力

• 双总线设计

ZXMP S385 在硬件上采用冗余设计，对业务总线、开销总线、时钟总线采用双总线的结构体系，提高系统的可靠性和稳定性。

• 双电源分配系统

通过时钟接口板(SCI)和Qx接口板(QxI)实现双电源分配系统，确保设备的供电安全。

• 重要单板1+1热备份

交叉时钟板(CSA/CSE)和网元控制板(NCP)采用1+1热备份，完成了系统核心单板的备份，提高了系统的安全系数。

• 单板分散式供电

所有单板采用分散式供电方式，使各单板之间的电源影响降低至零，减少单板在热插拔过程中对系统的影响。

(2) 网络保护能力

ZXMP S385可以实现ITU-T规定的多种网络保护方式，以满足客户的不同组网要求，保护方式包括1+1链路复用段保护、二纤单向通道保护环、二纤双向复用段保护环、四纤双向复用段保护环(V2.10支持)、双节点互连保护、子网连接保护。

5. 定时同步处理能力

ZXMP S385可以选择外时钟、线路时钟或内部时钟作为设备的定时基准，工作模式包括同步锁定模式、保持模式和自由振荡模式。

设备支持同步优先级倒换和基于SSM算法的自动倒换。在复杂的传输网中，基于SSM算法的自动倒换可以优化网络的定时同步分配，降低同步规划的难度，避免出现定时环路，保证网络同步处于最佳状态。

6. 网络管理能力

ZXMP S385采用的ZXONM E300网络管理系统，具备多种设备管理能力以及完善的管理功能，全中文人机界面友好，操作简单。

3.2.3 性能

1. 优异的接口抖动指标

ZXMP S385设备的2 048 kbit/s接口映射抖动、结合抖动指标远优于ITU-T建议，使系统可以高质量地传送GSM、No.7信令、数据通信等业务。

2. 优异的时钟同步性能

以中兴公司自主开发的S1字节算法专利技术设计，保证其技术指标完全符ITU-T G.813建议的要求。定时系统可工作于跟踪模式、保持模式和自由振荡模式下。当工作于跟踪模式时，可任意选择线路、支路、外时钟同步源之一作为参考时钟源；通过各种优先级别的时钟选择功能和S1字节的使用，保证网络定时系统的可靠运行。此外定时系统也提供SSM功能。

系统最大提供28路线路/支路抽时钟，即每个业务槽位最多两个；每个光口均支持发时钟。4路2 Mbit/s(75 Ω、120 Ω各2路)接口，接口板为SCIB；或4路2 MHz(75 Ω、120 Ω各2路)接口，接口板为SCIH。

3. 优异的EMC性能

ZXMP S385参照欧洲电信标准(ETSI)制定的建议进行设计，具有良好的电磁兼容(EMC)性和操作安全性，并通过EMC相关测试。

3.3 ZXMP S385 系统功能

3.3.1 系统功能结构

ZXMP S385 设备功能结构如图 3-10 所示。

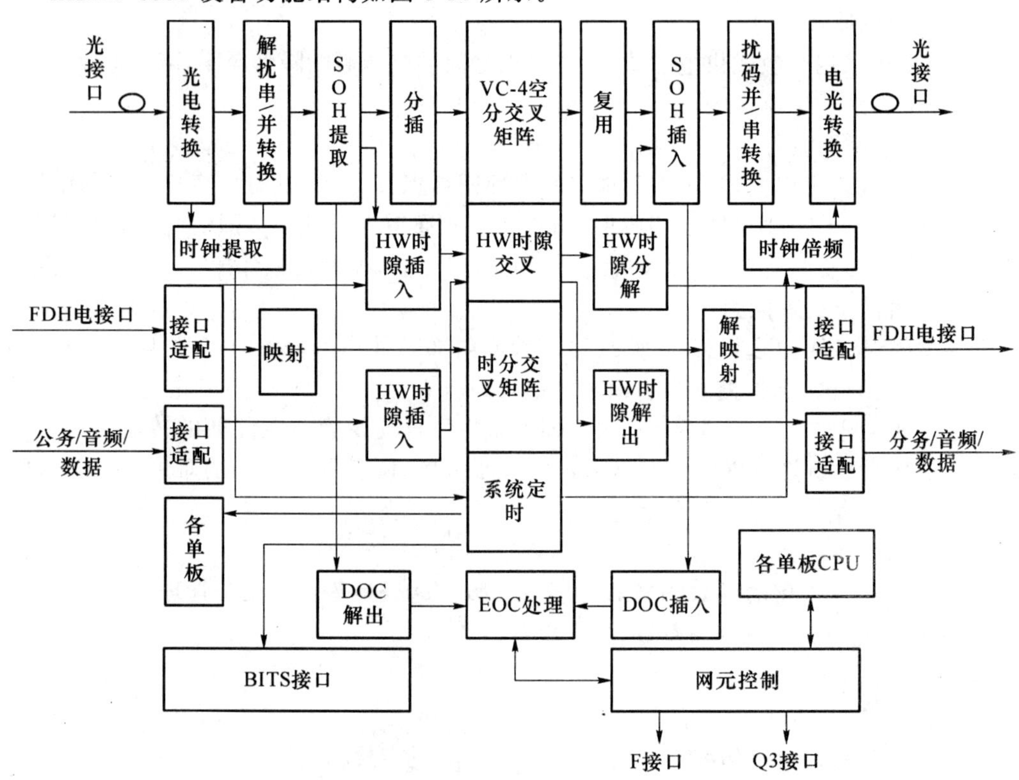

图 3-10　ZXMP S385 设备功能结构

ZXMP S385 的功能框图如图 3-11 所示。

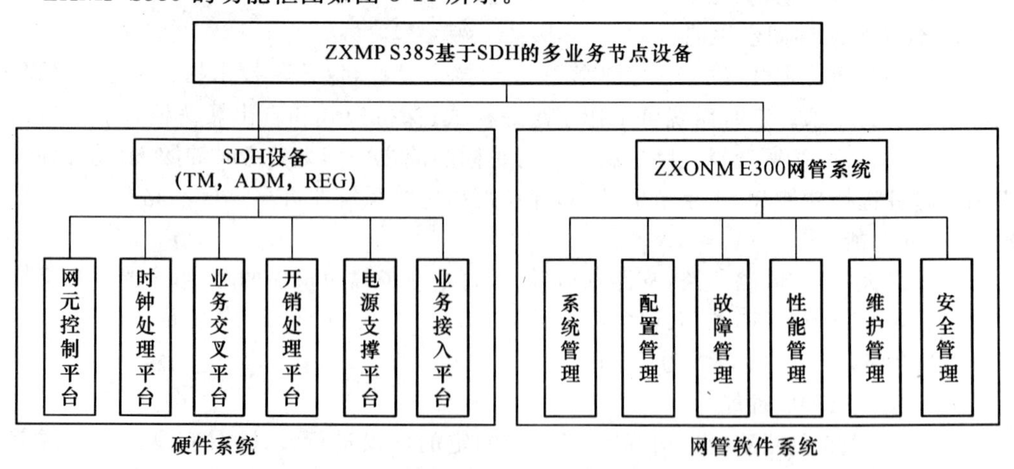

图 3-11　ZXMP S385 功能框架

ZXMP S385从功能层次上可分为硬件系统和网管软件系统，两个系统既相对独立，又协同工作。硬件系统是ZXMP S385的主体，可以独立于网管软件系统工作。

ZXMP S385硬件系统采用“平台”的设计理念，拥有网元控制平台、时钟处理平台、业务交叉平台、开销处理平台、电源支撑平台及业务接入平台。

通过平台的建立、移植以及综合，ZXMP S385形成了各种功能单元或功能单板，通过一定的连接方式组合成一个功能完善、配置灵活的SDH设备。根据不同的组网要求，可配置为终端复用设备、分插复用设备和再生中继设备三种类型。

各个平台间的相互关系如图3-12所示。各平台的功能如表3-12所示。

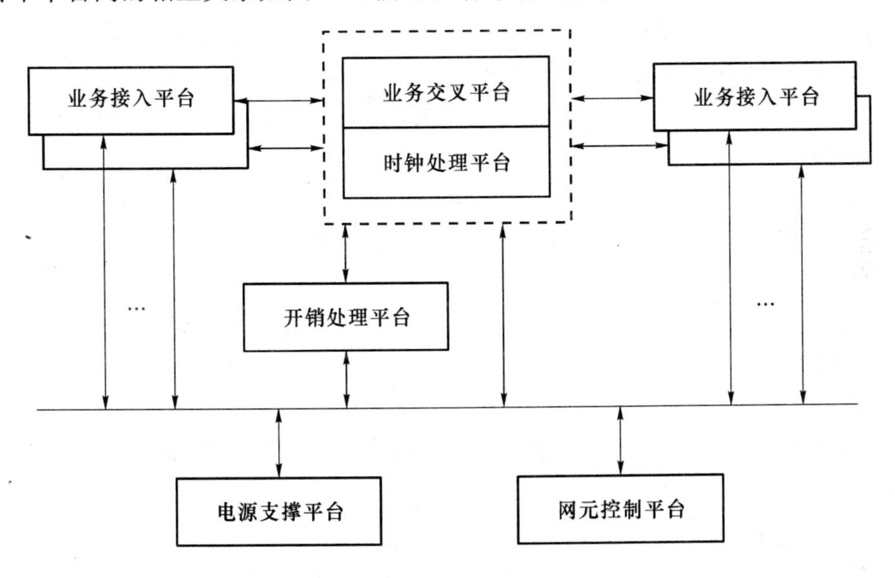

图3-12 硬件平台功能关系

表3-15 硬件平台功能说明

平台名称	平台功能
网元控制平台	网元设备与后台网管的接口，其他平台均通过网元控制平台接收或上报网管信息
电源支撑平台	采用分散供电方式，各单板所需电源由安装在各自单板内的电源模块提供
业务接入平台	完成SDH、PDH、以太网、ATM等业务的接入，并转换为相应的格式送入业务交叉平台进行业务的汇集和分配
开销处理平台	利用SOH的开销字节，在传输净负荷数据的同时，提供公务话音通道和若干辅助数据通道
时钟处理平台	为设备内所有平台提供系统时钟，是硬件平台的核心之一
业务交叉平台	接收来自业务接入平台和开销处理平台的业务信号以及各种信息，完成业务流向及信息的汇集、分配和倒换

ZXMP S385系统的软件系统为模块化结构，基本可以分单板软件、主机软件、网管系统三个模块，各模块分别驻留在各功能单板、系统控制与通信板、网管计算机上运行，完成相应的特定功能。

(1) 单板软件

在相应单板上完成对各种功能电路的直接控制，实现网元设备符合 ITU-T 建议的特定功能，支持主机软件对各单板的管理。

(2) 主机软件

主机软件主要包括设备管理模块、通信模块、数据管理模块，下面分别介绍其功能。

① 设备管理模块

设备管理模块是主机软件实现网元设备管理的核心部分，它包括管理者和代理。管理者可以发出网络管理操作命令和接收事件；代理能够响应网络管理者发出的网络管理操作命令，并可以在被管理对象上实施操作，根据被管理对象的状态变化发出事件。

ZXMP S385 系统主要由 NCP 板实现对网元设备的管理，其功能如下所示。

- 系统控制和通信功能由网元控制板完成，主要包括：给各单板下达配置命令，并采集它们的性能和告警。
- Qx 口是网元与子网管理控制中心通信的接口。NCP 通过 Qx 口可向 SMCC 上报本网元及所在子网的告警和性能，并接收 SMCC 给本网元及所在子网下达的命令和配置。
- NCP 板对本网元的风扇插箱进行智能监测，对电源分配单元进行输入电压过欠压监测。

② 通信模块

通信模块的功能是实现网络管理系统与网元设备以及网元设备之间管理信息的交换。通过 ECC 通道实现网元之间网管信息的互通。

③ 数据库管理模块

数据库管理模块是主机软件的有机组成部分，它包括数据和程序两个独立的部分。数据按数据库的形式组织，由网络库、告警库、性能库和设备库等组成。程序实现对数据库中数据的管理和存取。

(3) 网管系统

ZXMP S385 采用 ZXONM E300 网管软件，实现设备硬件系统与传输网络的管理和监视，协调传输网络的工作。

ZXONM E300 系统采用 4 层结构，分别为设备层、网元层、网元管理层和子网管理层，并可向网络管理层提供 Corba 接口。

3.3.2 功能单元介绍

介绍 ZXMP S385 的业务功能和非业务功能。

1. 业务功能

业务功能包括光、电接口功能以及数据、电话功能。

(1) 光接口功能

ZXMP S385 可以提供 STM-64,STM-16,STM-4,STM-1 标准光接口。

① STM-64 光接口

STM-64 的速率为 9 953.28 Mbit/s。每块 STM-64 光线路板提供一个 STM-64 标准

光接口，代号 OL64。

OL64 板将低速信号复合处理成 10 Gbit/s 高速信号，并可实现 VC-4-nC（n=4，16，64）。ZXMP S385 提供的 OL64 板的类型如表 3-16 所示。

表 3-16 OL64 板光接口类型

光接口类型	光源标称波长/nm	传输距离	连接器类型	业务容量
S-64.2b	1 550	<40 km	LC/PC	1 路/板
L-64.2c1	1 550	<65 km	LC/PC	1 路/板
L-64.2c2	1 550	<80 km	LC/PC	1 路/板

当群路接口为 STM-64 时，ZXMP S385 可通过 OL64(L-64.2c2)板与光放大器(OA)及色散补偿模块(DCM)的配合使用实现无中继远距离传输，也可在收发网元之间增加设备并配置为 STM-64 等级的中继设备延长传输距离。

② STM-16 光接口

STM-16 的速率为 2 488.320 Mbit/s，每块 OL16 光线路板提供一个 STM-16 标准光接口。

OL16 板将低速信号复合处理成 2.5 Gbit/s 高速信号，并可实现 VC-4-nC（n=4，16）。ZXMP S385 提供的 STM-16 光接口类型如表 3-17 所示。

表 3-17 OL16 光接口类型

光接口类型	光源标称波长/nm	传输距离	连接器类型	业务容量
S-16.1	1 310	<15 km	LC/PC	1 路/板
L-16.1	1 310	<40 km	LC/PC	1 路/板
L-16.2	1 550	<80 km	LC/PC	1 路/板
L-16.2U	1 550	<150 km	LC/PC	1 路/板

注：L-16.2U 光接口需要外加 OBA 才可以达到 150 km 的传输距离。

当群路接口为 STM-16 时，ZXMP S385 可通过 OL16(L-16.2)板或 OL16(L-16.2U)板与光放大器的配合使用实现无中继远距离传输，也可在收发网元之间增加设备并配置为 STM-16 等级的中继设备延长传输距离。

③ STM-4 光接口

STM-4 光接口的速率为 622.080 Mbit/s。每块 OL4 光线路板提供一个 STM-4 标准光接口；每块 OL4x2 光线路板提供 2 个 STM-4 标准光接口；每块 OL4x4 光线路板提供 4 个 STM-4 标准光接口。

ZXMP S385 提供的 STM-4 光接口类型如表 3-18 所示。

表 3-18 STM-4 光接口类型

光接口类型	光源标称波长/nm	传输距离	连接器类型	业务容量
S-4.1	1 310	<15 km	LC/PC	1 路/板或 2 路/板
L-4.1	1 310	<40 km	LC/PC	1 路/板或 2 路/板
L-4.2	1 550	<80 km	LC/PC	1 路/板或 2 路/板

当群路接口为 STM-4 时，ZXMP S385 可通过 OL4（L-4.2）板、OL4x2（L-4.2）板或OL4x4（L-4.2）板与光放大器的配合使用实现无中继远距离传输。

④ STM-1 光接口

STM-1 光接口的速率为 155.520 Mbit/s。每块 OL1x2 光线路板提供 2 个 STM-1 标准光接口；每块 OL1x4 光线路板提供 4 个 STM-1 标准光接口；每块 OL1x8 光线路板提供 8 个 STM-1 标准光接口。

ZXMP S385 提供的 STM-1 光接口类型如表 3-19 所示。

表 3-19　STM-1 光接口类型

光接口类型	光源标称波长/nm	传输距离	连接器类型	业务容量
S-1.1	1 310	<15 km	LC/PC	2,4 或 8 路/板
L-1.1	1 310	<40 km	LC/PC	2,4 或 8 路/板
L-1.2	1 550	<80 km	LC/PC	2,4 或 8 路/板

当群路接口为 STM-1 时，ZXMP S385 设备可通过 OL1（L-1.2）板与光放大器的配合使用实现无中继远距离传输。

⑤ 光放大功能

对于 ZXMP S385 设备，通过光线路板与光放大器的配合使用可以实现无中继的远距离传输，所选光线路板速率包括 STM-1，STM-4，STM-16 以及 STM-64，光源标称波长必须为 1 550 nm。

ZXMP S385 的光放大器包括功率放大器（OBA）和前置放大器（OPA）。

由于 STM-64 光信号在现有 G.652 光纤中会产生一定的色散受限距离，影响业务的开通和运行，ZXMP S385 设备还提供了不同色散补偿范围的色散补偿模块解决色散受限问题。该模块为无源器件，放置灵活，ZXMP S385 提供的色散补偿模块的型号和技术参数如表 3-20 所示。

表 3-20　色散补偿模块型号及技术参数

类型	DCM-20	DCM-40	DCM-60	DCM-80
色散补偿范围/($ps \cdot nm^{-1}$)	−329±15	−680±21	−1 020±31	−1 360±41

（2）电接口功能

ZXMP S385 可提供电接口包括 STM-1 电接口和 PDH 电接口。

① STM-1 电接口

ZXMP S385 的 STM-1 电接口单元对外提供 8 个（或者 4 个）方向的 STM-1 标准电接口，速率为 155.520 Mbit/s，单子架同时可以提供两组 1∶N（$N \leqslant 4$）保护功能。

STM-1 电接口单元包含：STM-1 线路处理板（LP1x4 或 LP1x8）、STM-1 电接口倒换板（ESS1x4 或 ESS1x8）、STM-1e/E3/T3/FE 接口桥接板（BIE3）。

② PDH 电接口

ZXMP S385 可提供的 PDH 电接口包括 T1（1.554 Mbit/s），E1（2.048 Mbit/s），E3

(34.368 Mbit/s)和 T3(44.736 Mbit/s)电接口，各电接口板类型如表 3-21 所示。

表 3-21 PDH 电接口板类型

代　号	匹配阻抗	单板业务容量	保　护
EPE1x63(75)	75 Ω	63×2.048 Mbit/s	1 组 1∶N(N≤9)
EPE1x63(120)	120 Ω	63×2.048 Mbit/s	1 组 1∶N(N≤9)
EPT1x63	100 Ω	63×1.554 Mbit/s	1 组 1∶N(N≤9)
EP3x6	75 Ω	6×34.368 Mbit/s 或 6×44.736 Mbit/s（每端口可单独配置）	2 组 1∶N(N≤4)

(3) 多业务功能

ZXMP S385 设备作为基于 SDH 的多业务节点设备，具备以下多业务功能。

① 带宽动态分配

汇聚层城域光网络承载业务的多样性决定了网络必须根据不同的用户需求灵活分配带宽。对于 ZXMP S385 设备的 SEC 板，每个系统端口可实现最小颗粒为 2 Mbit/s、最大为 100 Mbit/s 的带宽；对于 TGE2B 板，每个系统端口可实现最小颗粒为一个 VC-4、最大为 VC-4-8v 的带宽。

当系统端口采用虚级联方式指定端口容量时，可以通过 LCAS 技术，在保证业务不中断的前提下，动态调整虚级联组 VC-*n* 的数量，增强虚级联的健壮性，大大提高带宽的利用率。

② 以太网业务透传

以 TGE2B 板为例，ZXMP S385 设备通过 TGE2B 板提供 2 个点到点的透明传输通道，用户端口与系统端口一一绑定，实现千兆以太网业务的透明传送。

③ 实现虚拟局域网

虚拟局域网(VLAN)允许在同一传输网中实现不同用户业务的隔离，满足用户对数据安全性的需求。利用汇聚层和接入层的光传输设备提供的数据接口组成大量 VLAN，从而在现有传输网络的基础上为用户提供数据业务。

ZXMP S385 设备通过 SEC 板最多可提供 8 路 10/100 Mbit/s 以太网接口，在网管软件处理技术的配合下，实现灵活高效的 VLAN。

SEC 板支持传统 VLAN 和 IEEE Std. 802.1d 建议的 VLAN，具备带宽统计复用和 VLAN 的 TRUNK 功能，支持生成树协议、MAC 地址学习、流量控制、QoS 等功能，从而保证带宽的利用率以及业务的高质量。

MSE 单板采用流的方式处理以太网报文，支持 MPLS/VLAN/MAC 等多种交换方式，提供二层网络的虚拟桥接功能，并提供端到端业务的服务质量保障。

④ ATM 业务的带宽收敛

业务流量的突发性是数据业务的主要特征之一，通常情况下各数据端口都不会达到满容量，汇聚层的带宽收敛功能能够有效地利用传输带宽，起到与带宽动态分配相辅相成的作用。

ATM 业务的带宽收敛由 AP1x8 板完成。单板可集成 8 路 155 Mbit/s 速率的 ATM

业务，通过ATM交换矩阵收敛为1～4路155 Mbit/s速率或1路622 Mbit/s的SDH光信号在城域光网络中传输。ATM交换矩阵支持ATM层的VP/VC交换，具备VP环、流量控制等功能。

⑤ 实现弹性分组环(RPR)功能

RPR技术中采用了空间重用协议(SRP)。空间重用指在空间上没有重复的业务流可以互不影响地利用各自的线路带宽。简单的说，是正常情况下数据在源节点和目标节点之间的最短弧上传输，同一时间可以有多个节点相互通信。这样，许多节点可以同时收发分组，提高环带宽的利用率，特别是在环上节点数较多的情况下，带宽的利用率改善尤为明显。

ZXMP S385的RSEB板支持具有L2交换功能的RPR环。RSEB板系统侧提供2个RPR SPAN端口和4个EOS端口。RPR SPAN端口可以联结一个155 Mbit/s～1.25 Gbit/s的双向RPR环，支持符合IEEE 802.17标准的RPR帧的收发。EOS端口支持符合IEEE 802.3标准的以太网帧的收发。

2. 非业务功能

(1) 系统控制和通信功能

- 系统控制和通信功能由网元控制板完成，主要包括：给各单板下达配置命令，并采集它们的性能和告警。
- 通过ECC通道实现网元之间网管信息的互通。
- 通过E1，E2字节实现网元之间公务电话的互通。公务部分使用独立的CPU。
- Qx口是网元与子网管理控制中心(SMCC)通信的接口。NCP通过Qx口可向SMCC上报本网元及所在子网的告警和性能，并接收SMCC给本网元及所在子网下达的命令和配置。
- NCP板对本网元的风扇插箱进行智能监测，对电源分配单元进行输入电压过欠压监测。

(2) 系统供电功能

ZXMP S385使用双电源系统接入机房－48 V电源，在时钟接口板(SCI)/Qx接口板(QxI)中完成－48 V直流电源的处理。

ZXMP S385采用分散供电方式，业务板、功能板、STM-1电接口倒换板由子架内－48 V电源直接供电；E1/T1倒换板(ESE1x63，EST1x63)、E1/T1桥接板(BIE1)、E3/T3倒换板(ESE3x6)、STM-1e/E3/T3/FE接口桥接板(BIE3)由SCI和QxI供电，并提供1＋1热备份电源保护。

(3) 开销处理功能

ZXMP S385的开销处理功能由光线路板、交叉时钟板(CSA/CSE)、工程公务线(OW)及网元控制板(NCP)完成。

ZXMP S385光线路板将完成如下功能。

- SDH帧结构中的段开销和净负荷数据的分离，将开销字节合成开销总线(设备内的开销采用总线形式传递，开销总线中包括符合ITU-T标准的管理、公务、倒换字节)送入CSA/CSE板。

• 利用空闲的开销字节实现公务电话、数据业务。
• 将承载控制信息的开销字节通过 ECC 通道送入 NCP 板。

CSA/CSE 板实现开销的交叉调度功能，交叉的最小颗粒为字节。根据网管的配置要求将开销配置到任意端口。

OW 板只与 CSA/CSE 板建立直接的联系，在 CSA/CSE 板中完成开销交叉的空闲开销字节的提取或插入，通过这些字节向用户提供额外的数据业务。

NCP 板接收并处理来自各单板的 ECC 控制信息，并通过 ECC 通道送达目的单板。

(4) 定时同步输出功能

ZXMP S385 之间采用主—从同步方式。定时同步功能由交叉时钟板完成，定时同步功能包括以下 3 种。

① 时钟源的选择

ZXMP S385 可以选择外时钟、从 STM-N 业务接口提取的时钟或内部时钟作为设备的定时基准，工作模式包括同步锁定模式、保持模式和自由振荡模式。

当时钟源选择外部定时基准时，可以设置 4 个外部 2 MHz 或 2 Mbit/s 时钟输入基准和 28 个线路(或支路)的定时输入基准。

② 时钟源的倒换

当时钟源丢失、更高质量等级的时钟源恢复或当前时钟源质量等级降低时，会发生时钟源的倒换。

系统时钟支持同步优先级倒换以及基于 SSM 算法的自动倒换，在复杂组网中，基于 SSM 算法的自动倒换可以优化网络的定时同步分配，降低同步规划的难度，避免定时环路，保证网络同步处于最佳状态。

③ 时钟导出

提供 4 路外部参考时钟输出和 4 路外部参考时钟输入。接口类型为 2 Mbit/s 接口或者 2 MHz 接口，通过更换时钟接口板(SCIB/SCIH)实现，单板可提供 2 路 75 Ω 和 2 路 120 Ω 的接口。

(5) 告警输入输出功能

• NCP 提供 8 路外部告警开关量接口。
• NCP 收集网元的告警指示信号发到告警箱和列头柜。
• 提供 4 路用户告警口输出。

(6) 交叉功能

交叉功能是指对光线路板和电处理板进行 AU-4，TU-3，TU-12 或 TU-11 等级别的交叉连接，同时利用交叉矩阵实现保护倒换。

通过 ZXMP S385 的交叉时钟板，完成业务的直通、广播、分插和交叉连接功能。直通、广播和分插方式是交叉连接功能的一个子集。在设备中，电支路接口和光线路接口都进入交叉连接网络，并具有同等的连接，因而接口间业务可按任何形式交叉连接，如图 3-13所示。

① 直通

对线路业务而言，业务从一侧接口输入交叉矩阵，在另一侧相同时隙上输出。此时设备类似于一个中继器功能。直通的信号交叉方式如图 3-14 所示。

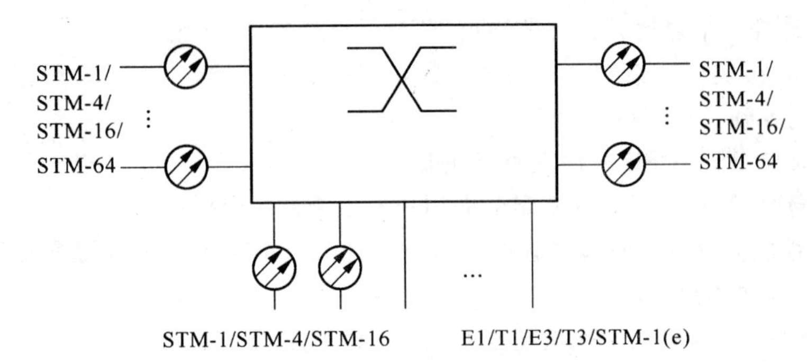

图 3-13　ZXMP S385 接口框图

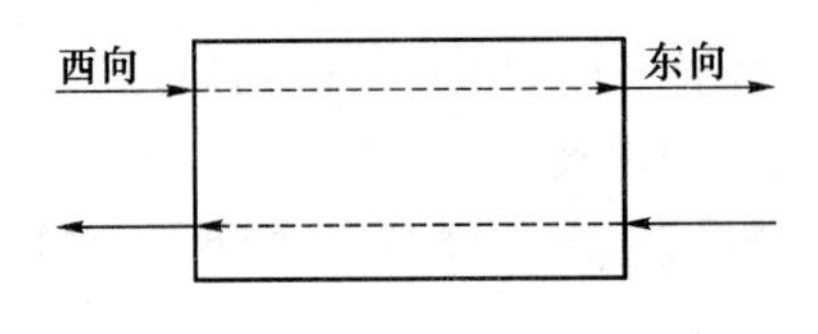

图 3-14　直通

② 分插

当线路上接收的业务信号按预定的时隙下到支路上，或者支路的业务信号按配置的时隙插入到线路上时，称为分插或分接。ZXMP S385 支路上下的业务信号可以在线路中分配任何可利用的时隙，上下业务的时隙可以相同，也可以不同。分插的信号交叉方式如图 3-15 所示。

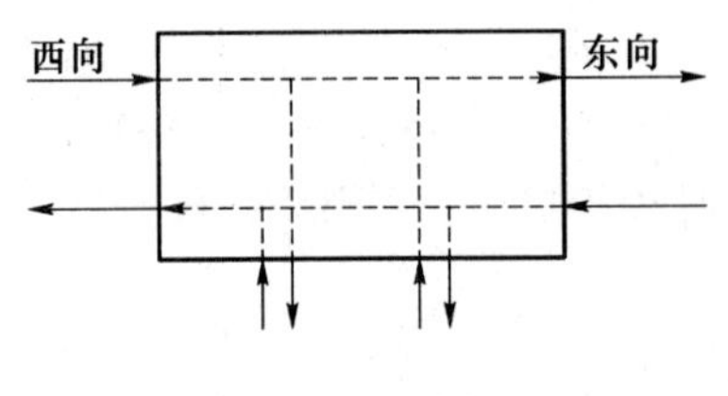

图 3-15　分插

③ 广播

ZXMP S385 可以实现以下几种广播功能：完成线路与线路之间的广播，如图 3-16(a)所示；完成线路内部时隙在线路内的广播，如图 3-16(b)所示；将线路上的同一业务信号同时下到两个以上的支路时隙，或者将支路业务信号插入到两个以上的线路时隙，如图 3-16(c)所示；将同一支路时隙分配到两个以上的支路，如图 3-16(d)所示。这几种广播方式也可以同时进行。

④ 交叉

线路与线路之间的交叉连接应用于保护倒换、路径选择和业务疏导，有助于提高网络生存能力和频带利用率。线路与支路之间的交叉连接灵活提供业务的上下功能；支路与支路之间的交叉连接在建网中可能节省投资，节省主干网上的时隙资源。交叉业务方式如图 3-17 所示。

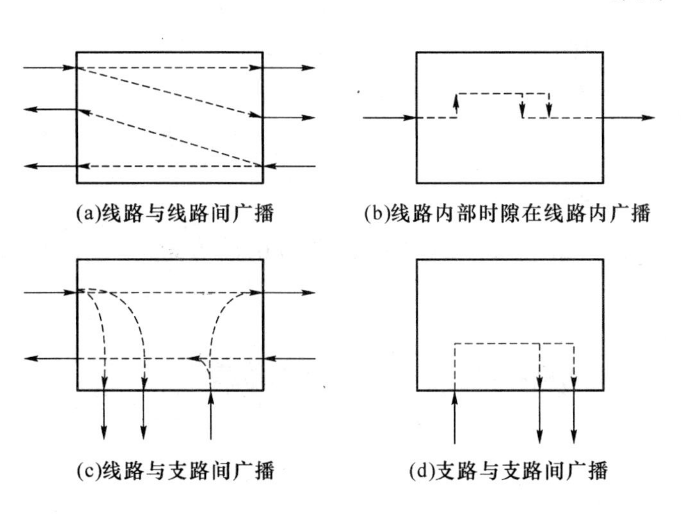

图 3-16 广播

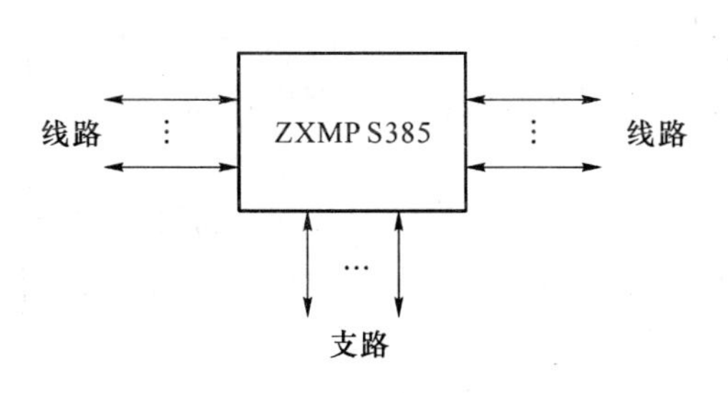

图 3-17 业务交叉

如图 3-18 所示，网元 T1 与网元 T2 之间可以经网元 A 形成与主干网上的业务互通，也可以经过网元 A 形成直达业务路由，不需在 T1 和 T2 之间另建线路和增加设备。ZXMP S385 的以上功能，还可以支持组网和运行时的网络维护和测试。

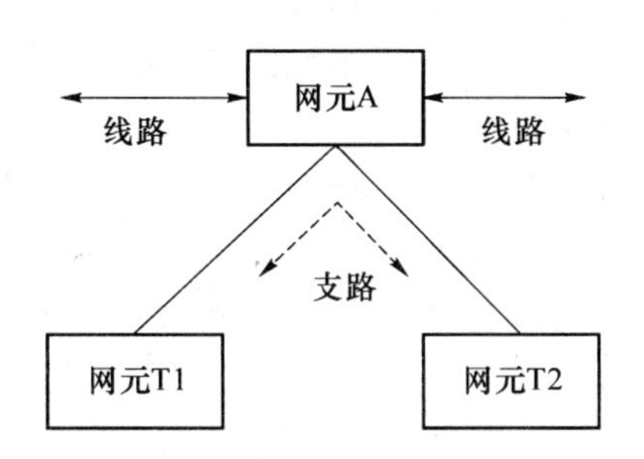

图 3-18 支路间业务交叉的应用

(7) 保护功能

保护功能包括设备级保护和网络级保护。设备级保护主要包括电源保护、交叉保护和时钟保护、NCP 保护和网络级保护。网络级保护主要包括 SDH 路径保护、SNCP 保护、环网间互通业务的保护以及共享光纤虚拟路径保护。其具体阐述将在后续小节陆续给出。

3.3.3 业务保护功能

1. 设备级保护

(1) 电源保护

① 机柜外电源保护

ZXMP S385 引入两组－48 V 机房电源，外部电源为 1＋1 保护方式，确保在任意一组机房电源故障时设备均能安全工作。

② 单板电源保护

业务单板采用分散式供电方式，使各单板之间的电源影响降低至零。所有单板均有过流、过压保护。

③ 电源极性接反保护

使用防反二极管保护。

(2) 交叉保护和时钟保护

ZXMP S385 可提供交叉时钟板的 1＋1 保护，通过在系统中配置主用和备用两块交叉时钟板实现。故障发生时，交叉时钟板自动倒换，同时支持网管强制或人工倒换。

(3) NCP 保护

ZXMP S385 可提供主控板 NCP 的 1＋1 保护，通过在系统中配置主用和备用两块 NCP 板实现。故障发生时，NCP 板自动倒换，同时支持网管强制或人工倒换。

(4) 支路业务 1∶*N* 保护

PDH，STM-1(e)，FE(e)业务板支持 1∶*N* 硬件业务保护。E1/T1 业务单板实现1∶*N*($N \leqslant 9$)保护；E3/T3、FE(e)业务、STM-1(e)业务单板可实现两组 1∶*N*($N \leqslant 4$)保护。系统可以同时支持三组支路保护，一组为 E1/T1，另外两组为 E3/T3/STM-1(e)/FE(e)。

2. 网络级保护

ZXMP S385 能够实现 ITU-T 所建议的多种组网特性，保护方式包括链路复用段 1＋1 保护、二纤单向通道保护环、二纤双向复用段保护环、四纤双向复用段保护环(V2.10 支持)、双节点互连保护、子网连接保护。

ZXMP S385 的保护特性还包括：Ethernet 和 IP 的路由重构，符合 IEEE 802.3E 的要求。

ZXMP S385 具有良好的网络自愈保护能力，可以在 SDH 层提供路径保护、子网连接保护、SDH 环间互通业务保护、共享光纤虚拟路径保护等多种业务保护方式。

(1) SDH 路径保护

ZXMP S385 路径保护可以发生在段层或通道层，可以实现线性复用段保护、复用段保护环、通道保护。

① 线性复用段保护

线形复用段保护主要应用在线形组网方式中。从保护方式上分为 1＋1 和 1∶*N* 两种。在 1＋1 保护方式中，每一个工作系统都由一个专用的备用系统进行保护；在 1∶*N* 保护方式中，则由 *N* 个系统共用一个保护系统，系统正常时，保护系统还可用来传送额外业务，可获得比 1＋1 系统更高的效率，但需要采用较为复杂的 APS 协议。ZXMP S385

支持点到点的线形组网方式下的 1+1 和 1：N(1≤N≤14)保护方式。在 1：N 方式下，支持在保护系统上承载额外业务。在此类保护方式下，其倒换时间均优于 ITU-T 建议要求的 50 ms。

② 复用段保护环

复用段保护环是一种理想的适应现代传输网要求的，容量大、安全性高的保护方式。这种方式可实现在保护时隙上传送低等级额外业务，从而更充分地利用光纤资源、灵活规划网络上业务分布。

ZXMP S385 支持二纤复用段共享保护环的组网应用。在发生一处或多处断纤、单板失效、站点失效等各种故障时均可进行业务保护，保护倒换时间优于 50 ms；可在保护时隙上承载低等级额外业务。

ZXMP S385 也完全支持二纤单向复用段保护环，其倒换条件的设置和倒换时间均与二纤双向复用段倒换环类似。但是由于二纤单向复用段保护环在环路容量和倒换速度上与二纤单向通道倒换环和二纤双向复用段共享保护环相比均无优势，所以实际应用较少。

ZXMP S385 设备以双系统方式设计，可支持四纤双向复用段共享保护环，并支持环倒换和区段倒换功能，其他功能类似于二纤双向复用段倒换。在四纤工作方式下，ZXMP S385 还可支持两个独立的二纤双向复用段倒换环的工作方式。在这种工作方式下，一根光纤的中断只导致一个二纤双向复用段倒换环接入倒换状态，完全不影响另一个环的工作状态，提高系统的可靠性。

③ 通道保护

ZXMP S385 对二纤单向通道保护环和二纤双向通道保护环均予以支持，可以对每一个通道选择其是否需要保护，在选择部分或全部通道无保护的方式下，可以增加总的分插业务量(对于 STM-N 的通道环，根据选择业务是全部保护还是全部不保护，其容量在 N×STM-1～2N×STM-1 之间可变)。通道信号的优劣可以根据通道告警信号(如 TU-AIS，TU-LOP)判断，也可根据通道信号的误码状况进行判定。由于 ZXMP S385 设备在系统软硬件上对通道保护的情况作了优化处理，使其典型倒换时间大大优于 ITU-T 建议要求的 50 ms 倒换时间，对于信令、数据、图像等对误码敏感的业务具有重要的意义。

二纤双向通道保护环的 1+1 方式与单向保护环基本相同，只是返回信号沿相反方向返回，其主要优点是在无保护环或将同样 ADM 设备应用于线性场合有通道再利用功能，从而使总的分插业务量增加。另外，该种保护方式可以保证双向业务的一致路由，这一点对于时延敏感的业务(如视频)很重要。

(2) SNCP

在网络结构日趋复杂的情况下，SNCP 是唯一的可适用于各种网络拓扑结构且倒换速度快的业务保护方式。SNCP 是一种通道层的保护，它可以对任意复杂组网方式下的两点间的业务提供保护。例如，SNCP 可应用在环网上形成二纤通道保护环。ZXMP S385 对于 SNCP 的支持完全满足 ITU-T G.841 建议的要求。即使同时存在多个业务倒换，ZXMP S385 也能够实现倒换时间优于 50 ms 的要求。

(3) 环间互通业务的保护

在环间存在一条以上互通路由时，便可实现环间业务的保护。对于以 DNI 方式连通的双环，ITU-T G. 842 建议规定了对保护方式互异的环网（SNCP 和 MSP 环网）间的互通业务进行保护的方法，ZXMP S385 对 DNI 方式的支持完全符合 ITU-T G. 842 建议的要求。

(4) 共享光纤虚拟路径保护

虚拟环通过光路共享实现，在两环相交的情况下可以通过其中一个环共享另一个环的相交段的光纤，利用其剩余的容量做虚拟光路，从而节省光纤和光板。

ZXMP S385 设备通过引入逻辑子系统，采用专有的共享光纤虚拟路径保护技术，将一根物理光纤等效为多根逻辑光纤，在一根光纤中可同时支持多种保护方式，支持上述保护方式在同一光纤上组合，保护级别可按 VC-12 或 VC-4 级别设置，实现业务分类保护和复杂网络的保护，实现方式如图 3-19 所示。

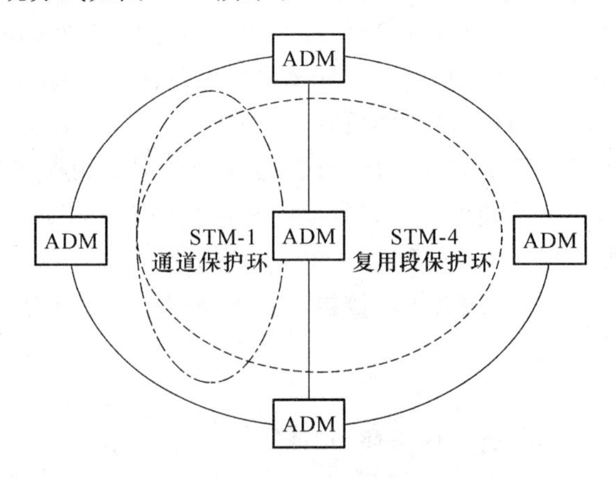

图 3-19　共享光纤虚拟路径保护的应用

3.3.4　时钟保护功能

SDH 同步网中，保持各个网元的时钟的同步是极其重要的。通常，一个网元同时有多个时钟基准源可用。这些时钟基准源可能来自于同一个主时钟源，也可能来自于不同质量的时钟基准源。为了完成同步时钟源的自动保护倒换功能，需要知道各个时钟基准源的质量信息。

ITU-T 定义的 S1 字节，正是用来传递时钟源的质量信息。它利用段开销中 S1 字节的高四位来表示 16 种同步源质量信息。表 3-22 是 ITU-T 已定义的同步状态信息编码。利用这一信息，遵循一定的倒换协议，就可实现同步网中同步时钟的自动保护倒换功能。

表 3-22　同步状态信息编码

S1(b5～b8)	SDH 同步质量等级描述
0000	同步质量不可知(现存同步网)
0001	保留
0010	G. 811 时钟信号
0011	保留

续表

S1(b5～b8)	SDH 同步质量等级描述
0100	G.812 转接局时钟信号
0101	保留
0110	保留
0111	保留
1000	G.812 本地局时钟信号
1001	保留
1010	保留
1011	同步设备定时源(SETS)信号
1100	保留
1101	保留
1110	保留
1111	不应用作同步

在 SDH 光同步传输系统中，时钟的自动保护倒换遵循以下协议：

- 网元首先从当前可用的时钟源中，选择一个 S1 字节级别最高的时钟源作为同步源。并将此同步源的质量信息（即 S1 字节）传递给下游网元。
- 当网元有多个时钟源所含的 S1 字节信息相同时，系统则根据各时钟源在优先级别表中的优先顺序，选择优先级别高的时钟源作为同步源，并将此同步源的质量信息传递给下游网元。
- 若网元 B 当前跟踪网元 A 的时钟同步源，则对网元 A 来说，网元 B 的时钟为不可用同步源。

下面举例说明同步时钟自动保护倒换的实现过程。

如图 3-19 所示的传输网中，BITS 时钟信号通过网元 1 和网元 4 的外时钟输入口接入。这两个外接 BITS 时钟，互为主备，均满足 ITU-T G.812 本地时钟基准源质量要求。启用 S1 字节，设置时钟保护。各个网元的同步源及时钟源级别配置如表 3-23 所示。另外，对于网元 1 和网元 4，还需设置外接 BITS 时钟 S1 字节所在的时隙（由 BITS 提供者给出）。

表 3-23　各网元同步源及时钟源级别配置

网元	同步源	时钟源级别
NE1	外部时钟源	外部时钟源、西向时钟源、东向时钟源、内置时钟源
NE2	西向时钟源	西向时钟源、东向时钟源、内置时钟源
NE3	西向时钟源	西向时钟源、东向时钟源、内置时钟源
NE4	西向时钟源	西向时钟源、东向时钟源、外部时钟源、内置时钟源
NE5	东向时钟源	东向时钟源、西向时钟源、内置时钟源
NE6	东向时钟源	东向时钟源、西向时钟源、内置时钟源

正常工作时，整个传输网的时钟同步于网元 1 的外接 BITS 时钟基准源，如图 3-20 所示。

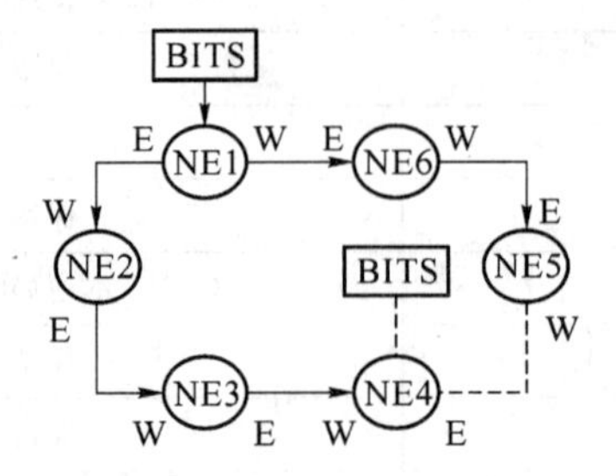

图 3-20　正常状态下的时钟跟踪

若在正常工作的情况下，网元 2 和网元 3 间的光纤发生中断时，将发生同步时钟的自动保护倒换。遵循上述的倒换协议，因为网元 4 跟踪的是网元 3 的时钟，所以网元 4 发送给网元 3 的时钟质量信息为"时钟源不可用"，即 S1 字节的高四位为 1111。当网元 3 检测到西向同步时钟源丢失时，网元 3 不能使用东向的时钟源作为本站的同步源，而只能使用本板的内置时钟源作为时钟基准源，并通过 S1 字节将这一信息传递给网元 4，即网元 3 传给网元 4 的 S1 字节的高四位为 1011，表示"同步设备定时源时钟信号"。网元 4 接收到这一信息后，发现所跟踪的同步源质量降低了(原来为"G. 812 本地局时钟"，即 S1 字节的高四位为 1000)，已经不是最高质量的同步源。则网元 4 需要重新选取符合质量要求的时钟基准源。网元 4 可用的时钟源有 4 个，西向时钟源、东向时钟源、内置时钟源和外接 BITS 时钟源。显然，此时只有东向时钟源和外接 BITS 时钟源满足质量要求的同步源。由于网元 4 中配置东向时钟源的级别比外接 BITS 时钟源的级别高，所以网元 4 最终选取东向时钟源作为本站的同步源。网元 4 跟踪的同步源由西向倒换到东向后，网元 3 东向的时钟源变为可用。显然，此时网元 3 可用的时钟源中，东向时钟源的质量也是最高的，因此网元 3 将选取东向时钟源作为本站的同步源。最终，整个传输网的时钟跟踪情况将如图 3-21 所示。

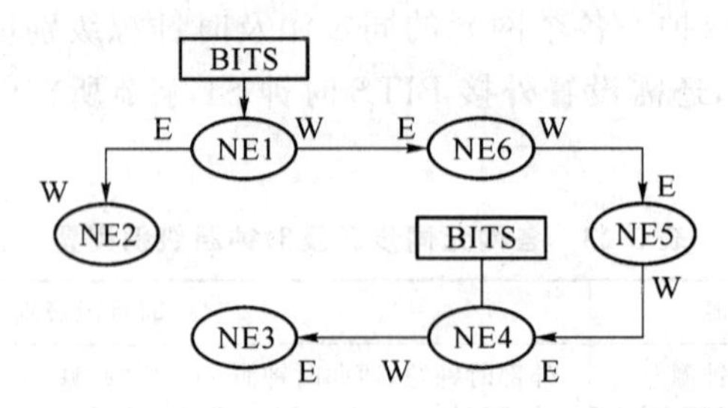

图 3-21　网元 2 与网元 3 之间光纤损坏下的时钟跟踪

若正常工作的情况下，网元 1 的外接 BITS 时钟出现了故障，则依据倒换协议，按照上述的分析方法可知，传输网最终的时钟跟踪情况将如图 3-22 所示。

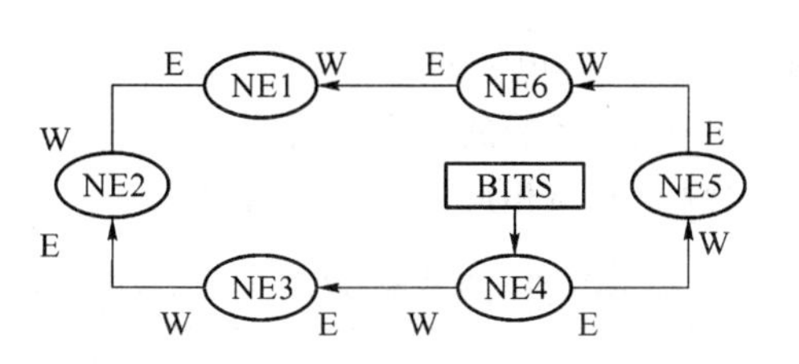

图 3-22 网元 1 外接 BITS 失效下的时钟跟踪

若在正常工作的情况下,网元 1 和网元 4 的外接 BITS 时钟都出现了故障。根据倒换协议,各网元将从可用的时钟源中选择级别最高的一个时钟源作为同步源。假设所有 BITS 出故障前,网中的各个网元的时钟同步于网元 4 的时钟。则所有 BITS 出故障后,网中各个网元的时钟仍将同步于网元 4 的时钟,如图 3-23 所示。只不过此时,整个传输网的同步源时钟质量由原来的 ITU-T G.812 本地时钟降为同步设备的定时源时钟。但整个网仍同步于同一个基准时钟源。

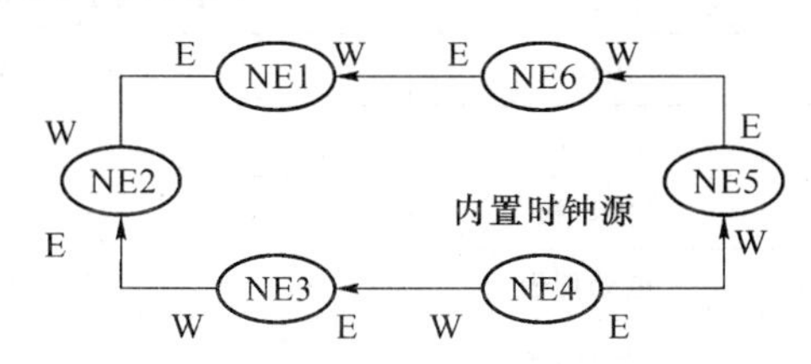

图 3-23 两个外接 BITS 均失效下的时钟跟踪

由此可见,采用同步时钟的自动保护倒换,大大提高了同步网的可靠性和同步性。

3.4 系统配置、组网应用

3.4.1 设备配置

1. 子架单板配置

以下介绍 ZXMP S385 单板说明、单板与子架槽位对应关系、单板配置说明以及单板配置注意事项。

(1) 单板说明

ZXMP S385 单板分为功能类单板和业务类单板两类。

功能类单板:网元控制板、交叉时钟板、公务板、Qx 接口板、时钟接口板。

业务类单板:业务板类型及包括的单板如表 3-24 所示。

表 3-24 ZXMP S385 业务板分类列表

业务板类型	单板代号
光线路板	OL64,OL16,OL4,OL4x2,OL4x4,OL1x2,OL1x4,OL1x8
电处理板	LP1x4,LP1x8,EPE1x63(75),EPE1x63(120),EP3x6,EPT1x63
数据处理板	TGE2B,SECx48,SECx24,RSEB,MSE,AP1x8

ZXMP S385 不带 1∶N 保护的电支路业务，部分以太网业务处理由业务板和业务接口板(或接口倒换板)配合实现；带保护的业务由业务板、接口桥接板、接口倒换板配合实现。可实现的电业务、以太网业务与相应的单板配置如表 3-25 所示。

表 3-25　ZXMP S385 电业务、以太网业务单板配置列表

实现业务	所需配置单板	
	单板类型	单板代号
STM-1 电业务	电处理板	LP1x4 或 LP1x8
	接口倒换板	ESS1x4 或 ESS1x8
带 1∶N 保护的 STM-1 电业务	电处理板	LP1x4 或 LP1x8
	接口倒换板	ESS1x4 或 ESS1x8
	接口桥接板	BIE3
E1 电业务	电处理板	EPE1x63(75)或 EPE1x63(120)
	接口板	EIE1x63 或 EIT1x63
T1 电业务	电处理板	EPT1x63
	接口板	EIT1x63
E3/T3 电业务	电处理板	EP3x6
	接口板	ESE3x6
带 1∶N 保护的 E1 电业务	电处理板	EPE1x63(75)或 EPE1x63(120)
	接口倒换板	ESE1x63 或 EST1x63
	接口桥接板	BIE1
带 1∶N 保护的 T1 电业务	电处理板	EPT1x63
	接口倒换板	EST1x63
	接口桥接板	BIE1
带 1∶N 保护的 E3/T3 电业务	电处理板	EP3x6
	接口倒换板	ESE3x6
	接口桥接板	BIE3
带 1∶N 保护的 FE 电业务	数据处理板	SECx48 或 SECx24 或 MSE
	接口倒换板	ESFEx8
	接口桥接板	BIE3
以太网 FE、GE 光业务	数据业务板	SECx48 或 SECx24
	接口板	OIS1x8
以太网 RPR 业务	数据业务板	RSEB(自带 2 个 GE 光接口)
	接口板	ESFEx8、OIS1x8
以太网 MPLS 业务	数据业务板	MSE
	接口板	ESFEx8、OIS1x8
ATM 业务	业务处理板	AP1x8(自带 8 个的 155 Mbit/s 光接口)
	接口板	—

(2) 单板与子架槽位对应关系

子架插板示意图如图 3-24 所示。

电接口板/接口桥接板槽位	电接口板/接口倒换板槽位	电接口板/接口倒换板槽位	电接口板/接口倒换板槽位	电接口板/接口倒换板槽位	OW	NCP	NCP	QXI	SCI	电接口板/接口倒换板槽位	电接口板/接口倒换板槽位	电接口板/接口倒换板槽位	电接口板/接口倒换板槽位	电接口板/接口桥接板槽位
61	62	63	64	65	17	18	19	66	67	68	69	70	71	72

业务槽位	业务槽位	业务槽位	业务槽位	业务槽位	业务槽位	业务槽位	CS	CS	业务槽位	业务槽位	业务槽位	业务槽位	业务槽位	业务槽位	业务槽位
1	2	3	4	5	6	7	8	9	10	11	12	13	14	15	16

FAN1	FAN2	FAN3

图 3-24 子架插板示意图

单板与槽位对应关系如下。

功能类单板可用槽位如表 3-26 所示。

表 3-26 ZXMP S385 功能类单板可用槽位列表

单板代号	可用槽位
CSA/CSE	8,9
OW	17
NCP	18,19
QxI	66
SCI	67

OL64,OL16,OL4,OL4x2,OL4x4,OL1x2,OLlx4,OL1x8 等光线路板可用槽位为：1～7,10～16。

STM-1 电业务单板可用槽位如表 3-27 所示。

表 3-27 ZXMP S385 STM-1 电业务单板可用槽位列表

单板代号	可用槽位	备 注
LP1x4,LP1x8	1～5,12～16	槽位 1,16 的 LP1x4,LP1x8 仅作为保护板使用,不配置业务; 可以实现两组 1∶N(N≤4)的保护; 在 1∶N 保护状态下不支持 ECC、开销交叉、公务、复用段链路保护等功能
ESS1x4,ESS1x8	62～65,68～71	配置在业务板对应的上层接口板(接口倒换板)槽位
BIE3	61,72	仅在实现 1∶N(N≤4)保护时使用,且配置在保护板对应的上层接口板(接口桥接板)槽位

E3/T3 业务可用槽位如表 3-28 所示。

表 3-28 ZXMP S385 E3/T3 业务单板可用槽位列表

单板代号	可用槽位	备 注
EP3x6	1～5,12～16	作为 E3/T3 处理板,可插在 2～5,12～15; 作为保护板插在 1 槽位,可实现一组 1∶N(N≤4)保护,保护 2,3,4,5 槽位的单板; 作为保护板插在 16 槽位,可实现另一组 1∶N(N≤4)保护,保护 12,13,14,15 槽位的单板
BIE3	61,72	BIE3 仅在实现 1∶N(N≤4)保护时使用,插在 61 槽位,对应于 1 槽位的保护板;插在 72 槽位,对应于 16 槽位的保护板
ESE3x6	62～65,68～71	配置在工作板对应的上层接口板(接口倒换板)槽位

E1/T1 业务可用槽位如表 3-29 所示。

表 3-29 ZXMP S385 E1/T1 业务单板可用槽位列表

单板代号	可用槽位	备 注
EPE1x63(75), EPE1x63(120), EPT1x63	1～5,12～16	可指定槽位 1～5,12～16 的中任一槽位的 E1/T1 电处理板作为保护板;可以实现一组 1∶N(N≤9)保护
EIE1x63、EIT1x63, BIE1	61～65,68～72	BIE1 仅在实现 E1 电业务 1∶N(N≤9)保护时使用,且配置在保护板对应的上层接口板(接口桥接板)槽位
ESE1x63、EST1x63	62～65,68～71	在有保护业务中使用,且配置在工作板对应的上层接口板(接口倒换板)槽位

以太网业务单板可用槽位如表 3-30 所示。

表 3-30 ZXMP S385 以太网业务单板可用槽位列表

单板代号	可用槽位	备注
TGE2B	1～7,10～16	
SECx48,SECx24,MSE	1～5,12～16	槽位 1,16 的 SECx48,SECx24,MSE 仅作为保护板使用,不能配置业务; 可以实现两组 1∶N(N≤4)的保护; 1∶N 保护时,不可在被保护的 SECx48,SECx24 或 MSE 板配置 GE 业务,避免 FE 业务倒换时,GE 业务中断
SECx48,SECx24,MSE	1～5,12～16	槽位 1,16 的 SECx48,SECx24,MSE 仅作为保护板使用,不能配置业务; 可以实现两组 1∶N(N≤4)的保护; 1∶N 保护时,不可在被保护的 SECx48,SECx24 或 MSE 板配置 GE 业务,避免 FE 业务倒换时,GE 业务中断
RSEB	2～5,12～15	
OIS1x8	62～65,68～71	配置在 SECx48,SECx24,MSE,RSEB 对应的上层接口板(接口倒换板)槽位
ESFEx8	62～65,68～71	配置在 SECx48,SECx24,MSE,RSEB 对应的上层接口板(接口倒换板)槽位
BIE3	61,72	仅在实现 FE 业务 1∶N(N≤4)保护时使用,且配置在保护板对应的上层接口板(接口桥接板)槽位

ATM 业务单板可用槽位如表 3-31 所示。

表 3-31 ZXMP S385 ATM 业务单板可用槽位列表

单板代号	可用槽位	备注
AP1x8	1～7,10～16	

ZXMP S385 的光放大器包括功率放大器 OBA 和前置放大器 OPA。可用槽位如表 3-32所示。

表 3-32 ZXMP S385 OA 板可用槽位列表

单板代号	可用槽位	备注
OBA/OPA	1～7,10～16	OBA12/OPA32 单板占用一个槽位,OBA14/OBA17/OBA19/OPA38 单板可能会占用一个或者两个槽位

(3) 单板配置说明

在 ZXMP S385 系统中,系统配置分必配件和选配件两大类。

① 必配件

a. 背板

背板是连接各单板的载体，属于必配件。

b. 交叉时钟板

交叉时钟板是系统业务之核心，属于必配件。标配两块，互为备份。若有特殊要求可配一块。

c. 网元控制处理板

网元控制处理板是系统神经中枢，属于必配件。配置一块，需要1+1保护时配置2块。

d. QxI，SCI

网元通过QxI和SCI提供电源的1+1保护，属于必配件。

② 选配件

a. 业务单板

业务单板是系统传输业务接入的单板，属于选配件。根据系统具体业务情况配置不同的业务单板，业务单板的选配数量受到单板槽位数量及其单板槽位尺寸的限制。

b. 公务板

公务板用于实现公务电话及部分开销业务，属于选配件，可根据用户的要求配置一块。

2. 典型网元配置

ZXMP S385采用模块化设计，在同一硬件系统中可以实现TM，ADM，REG功能，各种类型的单板无须更改硬件，只需修改网管配置即可实现TM，ADM，REG不同系统功能。在同一个子架内实现多个TM，REG，ADM功能。系统的设备类型及在网络中的应用方式如图3-25所示。

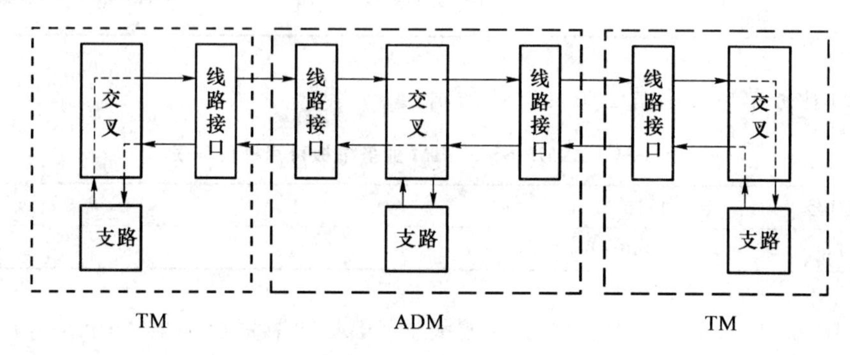

图3-25　ZXMP S385网络中的应用方式

(1) 终端复用设备

TM设备由光线路板、支路板以及相应的功能单板构成，SDH开销在光线路板侧终结不再传递。TM设备配置说明如下所示。

- 根据群路光方向的速率判断TM设备的级别。
- 对于STM-64等级的TM设备，必须配置一块OL64，同时根据需要还可以配置其他业务单板。
- 对于STM-16等级的TM设备，必须配置一块OL16，同时根据需要还可以配置其他业务单板。

- 对于 STM-4 等级的 TM 设备，必须配置一块 OL4，OL4x2 或 OL4x4，同时根据需要还可以配置其他业务单板。
- 对于 STM-1 等级的 TM 设备，必须配置一块 OL1x2，OL1x4 或 OL1x8，同时根据需要还可配置其他业务单板。
- 根据需要配置相应的接口板、接口桥接板和接口倒换板。
- 所有 TM 设备必须配置相应的功能单板：NCP，CSA/CSE，QxI，SCI。
- 根据需要配置 OW 板。
- 各单板可用槽位请参见 3.4.1 节内容。

STM-16 等级 TM 设备的典型配置示例如图 3-26 所示。该配置可实现一组 1∶5 E1 保护业务、公务处理等功能。

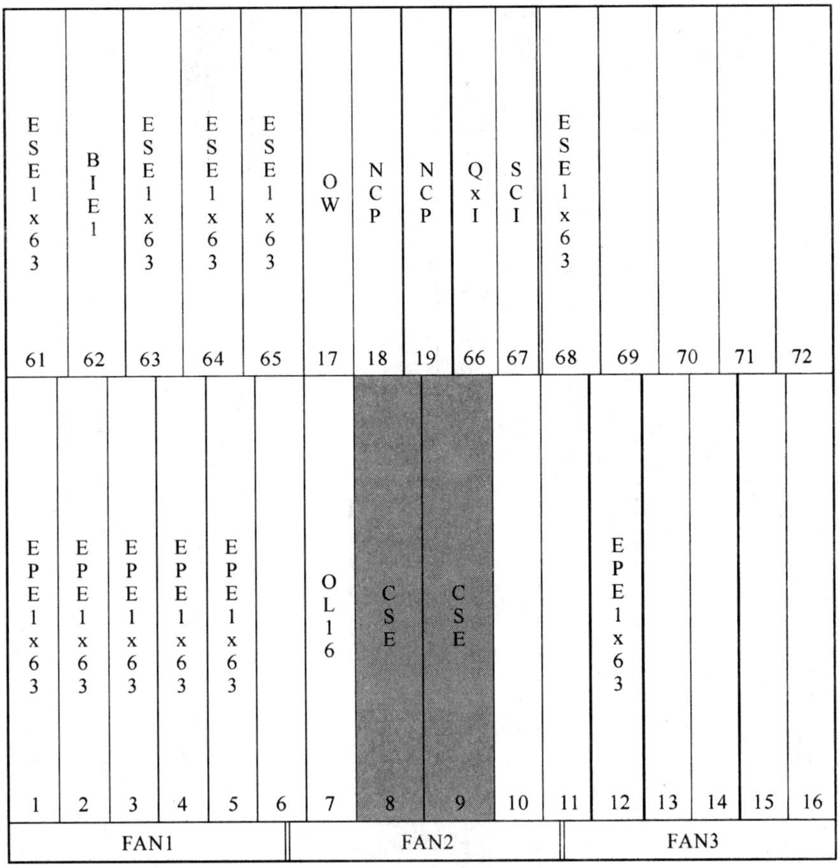

ESE1x63	BIE1	ESE1x63	ESE1x63	ESE1x63	OW	NCP	NCP	QxI	SCI	ESE1x63				
61	62	63	64	65	17	18	19	66	67	68	69	70	71	72

EPE1x63	EPE1x63	EPE1x63	EPE1x63	EPE1x63		OL16	CSE	CSE			EPE1x63				
1	2	3	4	5	6	7	8	9	10	11	12	13	14	15	16

FAN1	FAN2	FAN3

图 3-26 典型 TM 配置示意图

(2) 分插复用器

ADM 设备由两块以上相同速率的光线路板、支路板以及相应的功能单板构成。SDH 段开销在一个光方向的接收侧终结，又在同一个光方向的发送侧重新插入。ADM 设备配置说明如下所示。

- 根据群路光方向的速率判断 ADM 设备的级别。

- 对于 STM-64 等级的 ADM 设备，至少配置两块 OL64，同时根据需要还可以配置其他业务单板。
- 对于 STM-16 等级的 ADM 设备，至少配置两块 OL16，同时根据需要还可以配置其他业务单板。
- 对于 STM-4 等级的 ADM 设备，至少配置两块 OL4 或一块 OL4x2/ OL4x4，同时根据需要还可以配置其他业务单板。
- 对于 STM-1 等级的 ADM 设备，至少配置两块 OL1x2 或一块 OL1x4/OL1x8，同时根据需要还可配置其他业务单板。
- 根据需要配置相应的接口板、接口桥接板和接口倒换板。
- 所有 ADM 设备必须配置相应的功能单板：NCP，CSA/CSE，QxI，SCI。
- 根据需要配置 OW 板。
- 各单板可用槽位请参见 3.4.1 节内容。

STM-64 等级 ADM 设备典型配置示例如图 3-27 所示。该配置可实现一组 1：5 E1 保护业务、公务处理等功能。

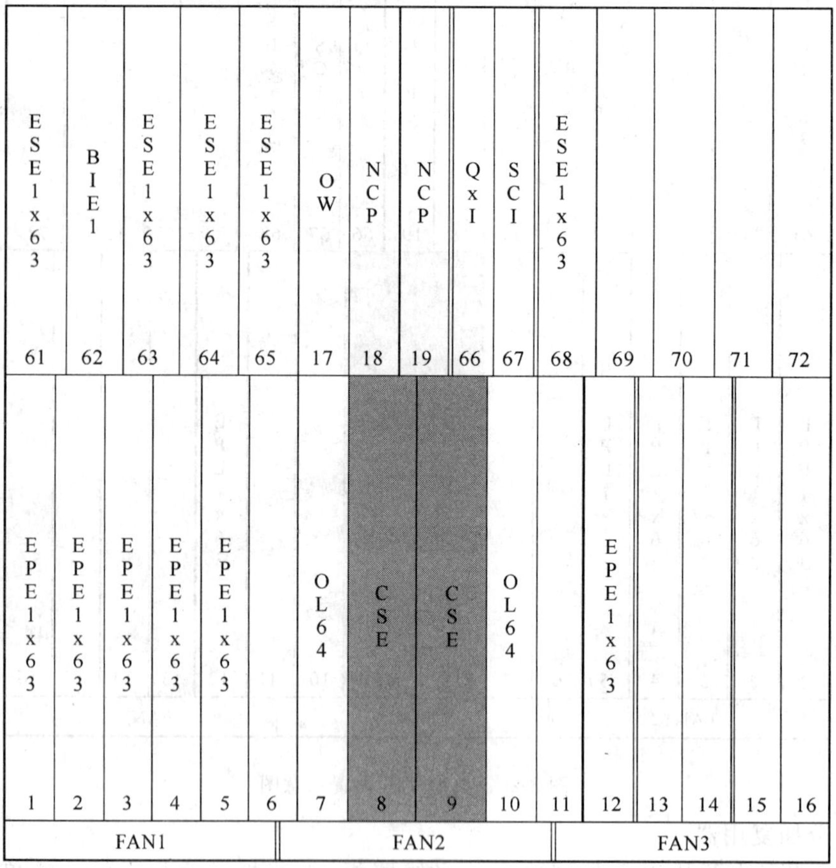

ESE1x63	BIE1	ESE1x63	ESE1x63	ESE1x63	OW	NCP	NCP	QxI	SCI	ESE1x63				
61	62	63	64	65	17	18	19	66	67	68	69	70	71	72

EPE1x63	EPE1x63	EPE1x63	EPE1x63	EPE1x63		OL64	CSE	CSE	OL64		EPE1x63				
1	2	3	4	5	6	7	8	9	10	11	12	13	14	15	16
FAN1						FAN2					FAN3				

注：图中 EPE1x63 单板代号 EPE1x63(75)。

图 3-27　典型 ADM 配置示意图

（3）再生中继器

ZXMP S385 支持 STM-16 和 STM-64 的中继。REG 设备由光线路板以及相应的功能单板构成，完成接收光线路信号，将其再生，并往下一段光纤线路传送的功能。REG 设备配置说明如下所示。

- 所有 REG 设备必须配置 NCP，QxI，SCI，CSA/CSE。
- 根据需要配置 OW 板。
- 对于 STM-64 等级的 REG 设备，配置两块 OL64。
- 对于 STM-16 等级的 REG 设备，配置两块 OL16。
- 各单板可用槽位请参见 3.4.1 节内容。

STM-64 等级 REG 设备的典型配置示例如图 3-28 所示。

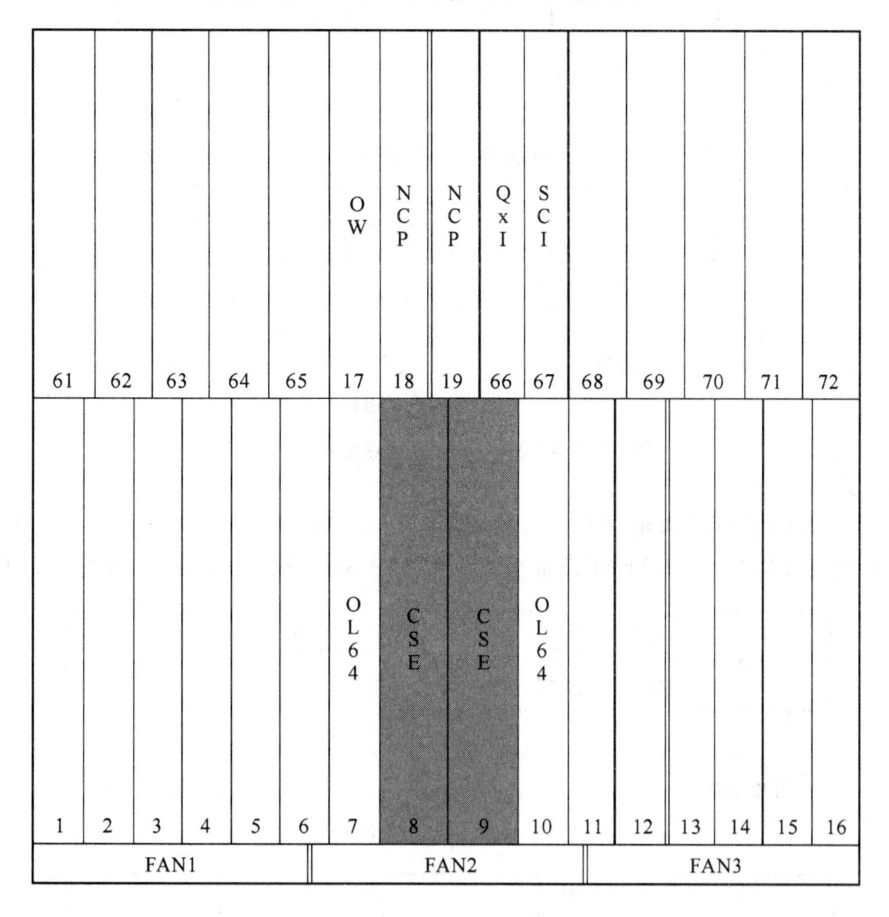

图 3-28　典型 REG 配置示意图

3.4.2　系统组网应用

1. 组网方式

ZXMP S385 的传输容量很大，可广泛运用于骨干网和本地网。ZXMP S385 可实现以下 5 种组网方式。

(1) 点到点

ZXMP S385 点到点组网的群路速率包括 STM-1,STM-4,STM-16 和 STM-64。

双 TM 配置设备可以构成 1+1 保护或无保护方式,单 TM 配置设备无保护。

当配置为 1+1 保护方式时,两个群路板互为保护,可以提高业务传送的可靠性,缺点在于会降低业务接入能力。

当配置为无保护方式时,能够提高业务接入能力,但降低了业务传送的可靠性。

点到点组网适用于大容量局间中继、局间扩容。ZXMP S385 点到点组网如图 3-29 所示。

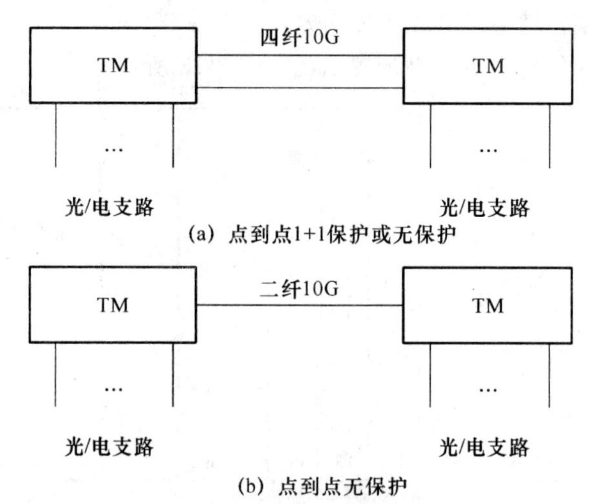

图 3-29 ZXMP S385 点到点组网示意图

(2) 链形网

ZXMP S385 进行链形组网时的群路速率包括 STM-1,STM-4,STM-16 和 STM-64。

链形网由 TM 设备和 ADM 设备组成。ZXMP S385 构成的链形网如图 3-30 所示。

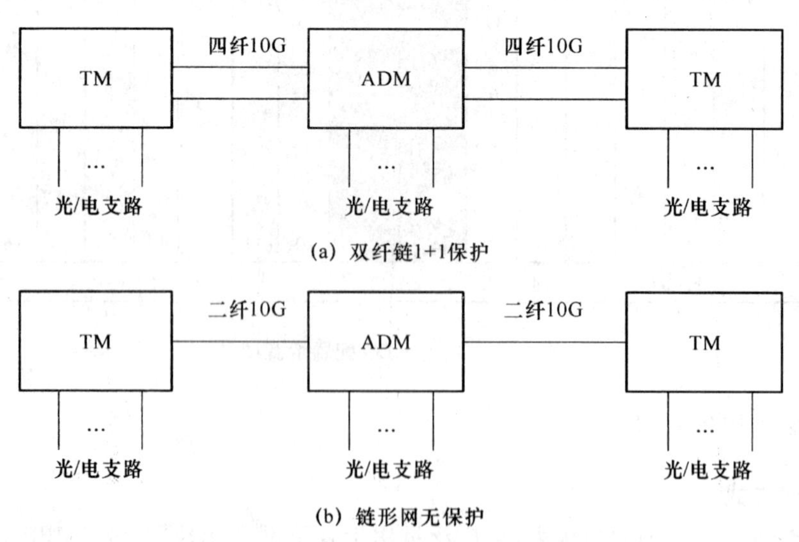

图 3-30 ZXMP S385 链形组网示意图

双 TM 设备和 ADM 设备可以构成 1+1 保护链，单 TM 设备和 ADM 设备可以构成无保护链网。

当配置为 1+1 保护方式时，两个群路板互为保护，可以提高业务传送的可靠性，缺点在于会降低业务接入能力。

当配置为无保护方式时，双 TM 设备和 ADM 设备的组网可以提高业务接入能力，缺点在于会降低业务传送的可靠性。

链形网适用于长途干线网、业务量呈链形分布的通信网以及环网侧的链形分支网络。

(3) 环形网

环形网的线路接口具有自封闭特性，网元间的支路业务可以通过两个方向（东向、西向）进行端到端传输，这种网络拓扑具有很强的生存性和自愈能力，适用于大容量光纤网络。

自愈环结构可以划分为两大类，即通道倒换环和复用段倒换环。从抽象的功能结构观点来划分，通道倒换环和复用段倒换环分别属于子网连接保护和路径保护。

ZXMP S385 通常组成的环形网包括 STM-4/STM-16/STM-64 等级的二纤/四纤双向复用段保护环和二纤单向通道倒换环。

ZXMP S385 组成的环形网如图 3-31 所示。

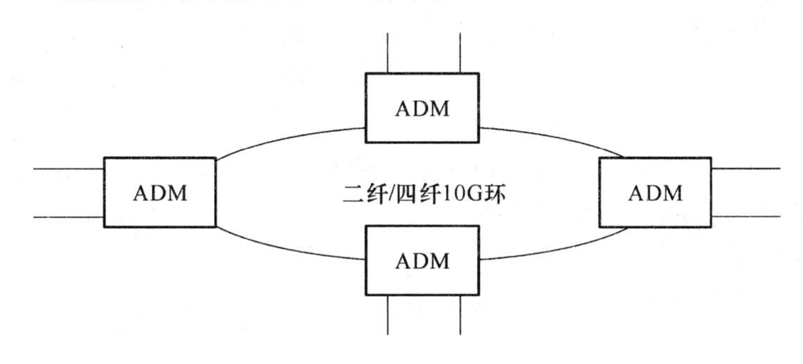

图 3-31 ZXMP S385 环形组网示意图

① 二纤单向通道倒换环

ZXMP S385 可以组成 STM-1，STM-4，STM-16，STM-64 等级的二纤单向通道倒换环，单点配置如图 3-32 所示。

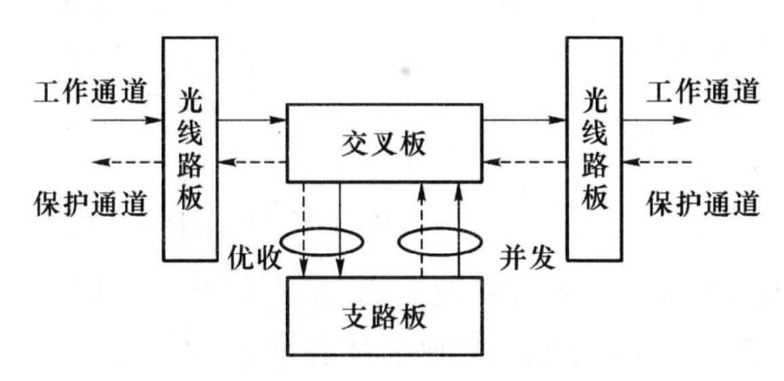

图 3-32 ZXMP S385 二纤单向通道倒换环配置

如图 3-32 所示，工作通道和保护通道位于方向相反的两个光发送群路中，其时隙在网管中配置。

通道倒换环的优点：具有很快的保护倒换速度，倒换灵活，能够提供各种容量等级的倒换。倒换工作由本地决定，与网络拓扑无关，可适用于各种复杂的网络拓扑，而不限定于环，因而更适合于在动态变化的网络环境工作，如蜂窝通信网。

通道倒换环的缺点：环网中所有支路信号采用“并发优收”的结构，即所有支路信号都要经过两个方向传到接收节点，相当于通过整个环网进行传输，因而各网元上下业务容量的总和，即环的业务量小于或等于设备等级所能容纳的容量。

单向通道倒换环适用于业务集中且容量较小的接入网、中继网、长途网。

② 二纤/四纤双向复用段倒换环(共享环)

ZXMP S385 设备可以组成 STM-4，STM-16，STM-64 等级的二纤/四纤双向复用段倒换环。二纤双向复用段倒换环中的每个网元配置两块群路板，四纤双向复用段倒换环中的每个网元配置四块群路板。

ZXMP S385 设备配置二纤/四纤双向复用段倒换环时，可以选择带额外业务和不带额外业务两种方式。

二纤/四纤双向复用段倒换环具有大业务量的传输能力。以不带额外业务为例，二纤双向复用段倒换环最大业务量可以达到 $K/2\times$STM-N，四纤双向复用段倒换环的最大业务量可以达到 $K\times$STM-N，其中，K 为环网节点数，STM-N 为环网最高速率。

复用段倒换环的优点：业务传输容量大，倒换灵活。

复用段倒换环的缺点：由于倒换时需要处理 APS 协议，导致故障响应/恢复时间较长。

二纤/四纤双向复用段倒换环通常应用于 STM-16/STM-64 速率等级的大业务量传输，适用于业务量分散的中继网、长途网。

(4) 双节点互连组网

ZXMP S385 构成的 DNI 如图 3-33 所示。

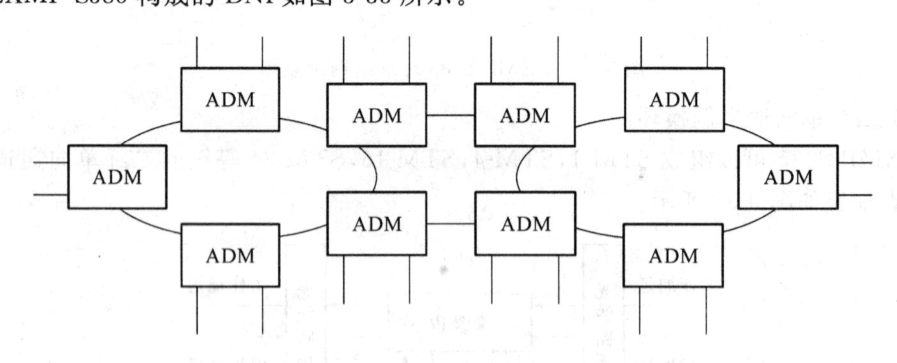

图 3-33　ZXMP S385 DNI 组网示意图

DNI 组网实际是两个环网的相交组网形式，相交环网可以提供环间业务保护。两个环网可配置相同的保护类型，如通道环与通道环相交；也可以配置为不同的保护类型，如通道环与复用段环相交。

ZXMP S385 DNI 组网的速率由环网速率决定，通常使用在 STM-16，STM-64 速率等级。

DNI组网提供多种路径保护和重要节点保护，通常应用于本地网传输干线网络。

(5) 混合组网

ZXMP S385 可以与中兴通讯其他基于 SDH 的多业务节点设备实现混合组网。以ZXMP S330 设备为例，ZXMP S385 与 ZXMP S330 设备混合组网示意图如图 3-34 所示。

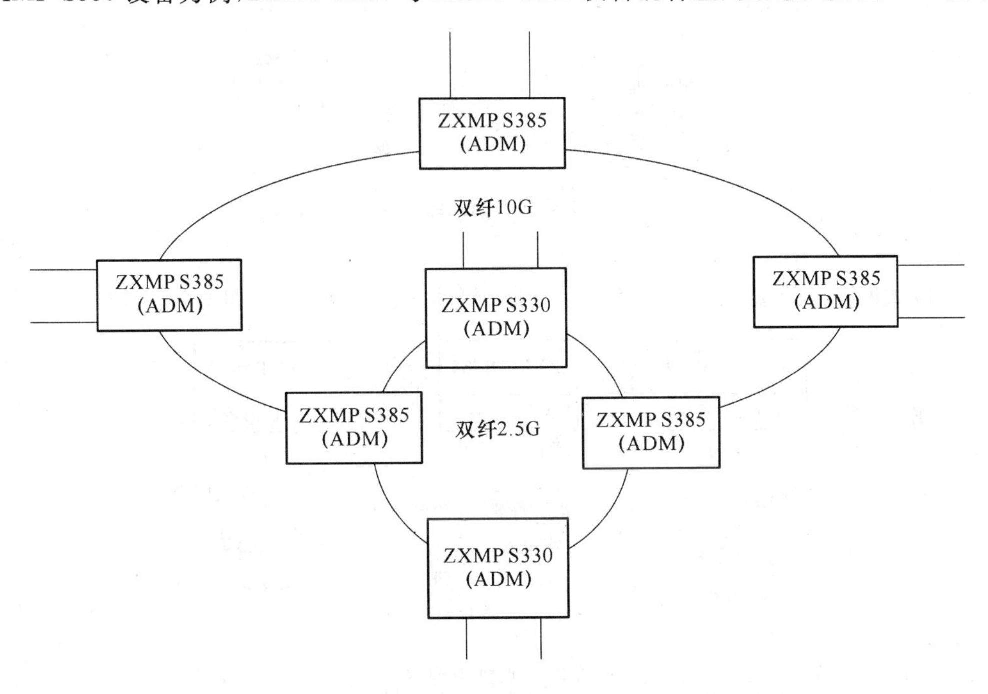

图 3-34 ZXMP S385 双纤环与 ZXMP S330 环混合组网

混合组网可以实现业务、公务互通。两个环网可配置相同的保护方式，如通道环与通道环相交；也可以配置为不同的保护类型，如通道环与复用段环相交。

2. 多业务节点组网应用

当 ZXMP S385 设备配置有 TGE2B，SEC，RSEB，MSE 板时，设备不仅具有传统SDH 设备的功能，还具有多业务节点设备的以太网数据处理功能。

以下将介绍几种典型的多业务节点组网情况，为突出多业务节点组网的运用，组网图中只显示 ZXMP S385 设备的以太网板。

(1) 透传以太网板组网

当 ZXMP S385 设备配置有 TGE2B 板时，可提供 2 个 1000 Mbit/s 以太网接口和 2 个系统端口。以太网接口通过以太网光纤与用户的路由器或交换机相连，提供千兆以太网通道，借助 TGE2B 板和光线路板实现以太网数据的透明传送。

① 点到点组网

透传以太网业务的典型组网方式如图 3-35 所示。

该组网可配置两个独立的千兆以太网通道：一个是 TGE2B 板 1 的 1# 以太网光接口与 TGE2B 板 2 的 1# 以太网光接口之间的通道；另一个是 TGE2B 板 1 的 2# 以太网光接口与 TGE2B 板 2 的 2# 以太网光接口之间的通道。

以太网端口与系统端口相互绑定，仅完成透传功能。

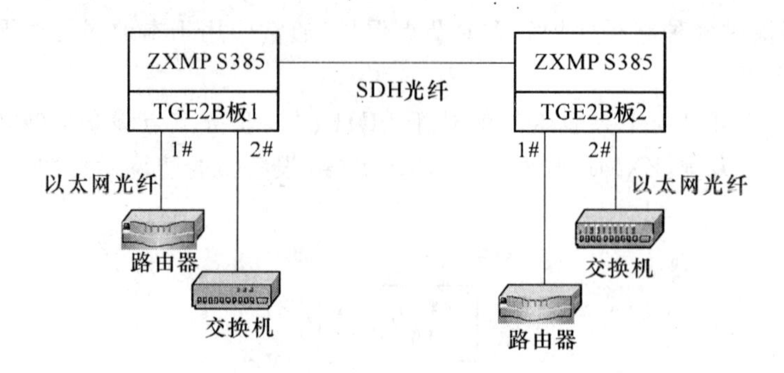

图 3-35　点到点组网 1

② 汇聚业务组网

当以太网业务需要在某站点集中上下时，仍然是点到点配置，如图 3-36 所示。

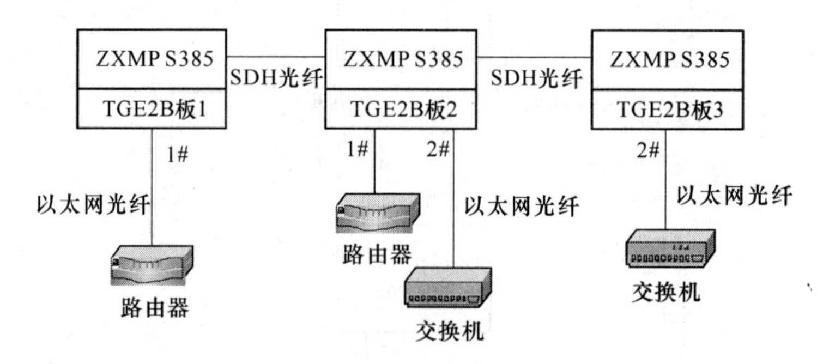

图 3-36　点到点组网 2

图 3-36 中，TGE2B 板 2 所在的网元即是业务集中上下的中心站点，假设 TGE2B 板 1 的 1＃以太网光接口与 TGE2B 板 2 的 1＃以太网光接口之间已建立了一个千兆以太网通道，则 TGE2B 板 3 只能通过 2＃以太网光接口与 TGE2B 板 2 的 2＃以太网光接口建立通道。

(2) 智能以太网板组网

当 ZXMP S385 设备配置有 SEC 或 MSE 板时，具有高集成度的端口和以太网二层交换功能，组网能力强大。

三种单板的组网相似，以太网板的以太网接口与用户设备或以太网连接，在单板内部完成以太网数据的二层交换以及到 SDH 数据的映射后，借助 SDH 传输网络实现以太网数据的传送。

SEC 板提供 1 个 1000 Mbit/s 以太网光接口和 8 个 10/100 Mbit/s 以太网电接口或 8 个 100 Mbit/s 以太网光接口；MSE 板提供 2 个 1000 Mbit/s 以太网光接口和 8 个 10/100 Mbit/s 以太网电接口或 8 个 100 Mbit/s 以太网光接口。

以 SEC 板为例，典型组网有链形网、树形网、环形网和网形网。

① 链形网

链形网是智能以太网板的基本组网方式，组网如图 3-37 所示。

链形网能够完成基本以太网业务的交换，将用户以太网的非 VLAN 和 VLAN 业务传送到配置的端口上。

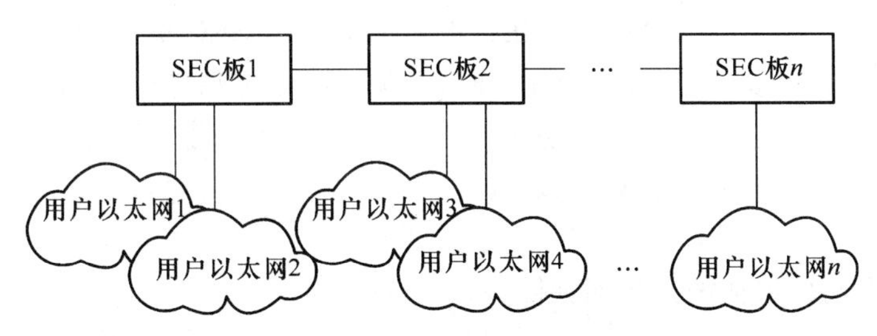

图 3-37 链形网配置

为处理通道拥塞，可启用流量控制或 QoS 功能。QoS 和流量控制的目的不同，相互约束，两者不能同时存在。

流量控制的主要目的是避免拥塞时丢包。拥塞时，应当启动拥塞两端的 SEC 板或 MSE 板系统端口的流量控制选项。

QoS 也是处理拥塞的一种方法，保证多个不相关的业务在同一个端口下根据配置工作，互不干扰且最大限度地利用端口资源。在链形网中，如果多 VLAN 业务共享一条有限带宽连接，应当使能所有相关端口的 QoS 功能，并完成相关的配置。

② 树形网

由智能以太网板组成的树形网如图 3-38 所示。

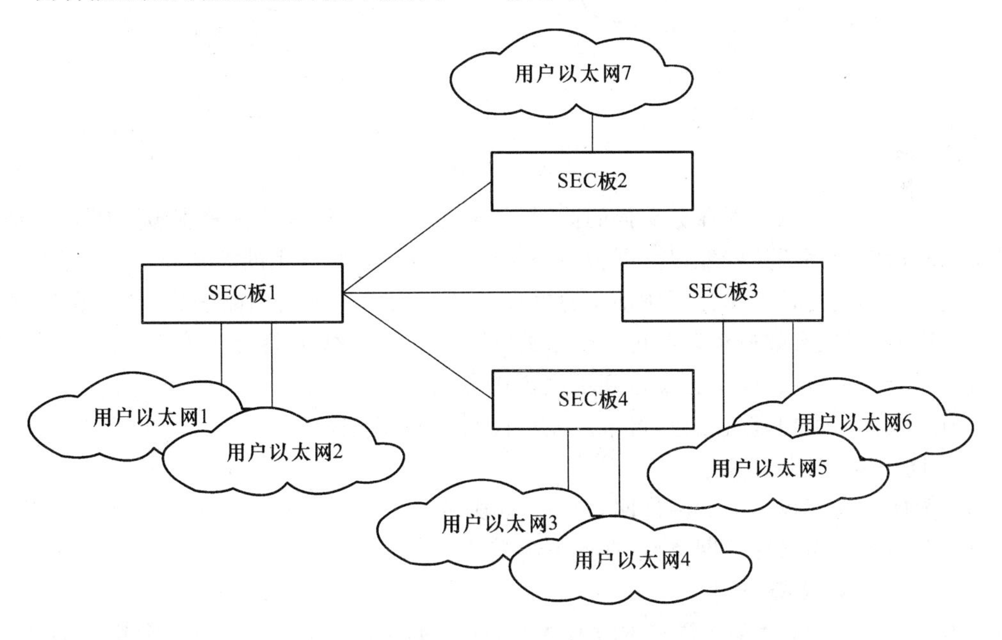

图 3-38 树形网应用

树形网与链形网类似，可完成以太网业务的交换。为处理通道拥塞，可启用流量控制或 QoS 功能。

如图 3-37 所示，假设 SEC 板 1 的 3 个系统端口分别与 SEC 板 2、SEC 板 3 和 SEC 板 4 的系统端口有业务联系，当网络中 SEC 板系统端口的总流量小于 100 Mbit/s 时，可启动相互连接的 6 个 SEC 板系统端口的流量控制选项以防止丢包。

假设流向 SEC 板 2、SEC 板 3 和 SEC 板 4 的业务由 SEC 板 1 的同一个系统端口发送，当该系统端口的流量大于 100 Mbit/s 时，必须使能系统端口的 QoS 功能处理拥塞，并对业务优先级与业务类型的关系、带宽分配关系进行配置。同时，使能所有相关用户端口的 QoS 功能，并设置 QoS 优先级。

③ 环形网

由智能以太网板组成的环形网如图 3-39 所示。

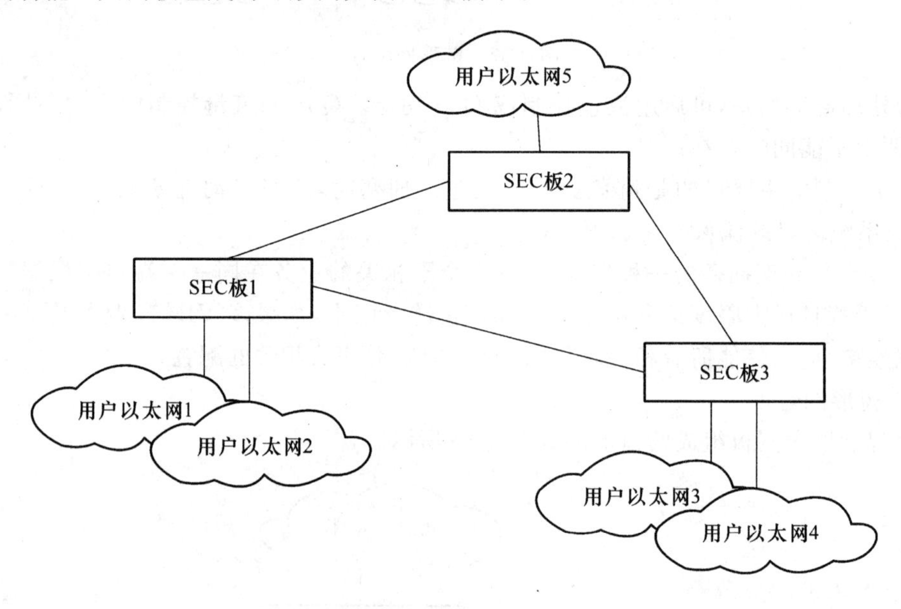

图 3-39　环形网应用

环形网在保证以太网业务交换的同时，为避免业务成环，需要配置虚拟网桥的生成树协议。所谓虚拟网桥是智能以太网板被一个 VLAN 包含时产生的。

生成树协议的目的是让网桥动态地发现拓扑结构的一个无回路子集(树)，保证网络最大的连通度，也有效避免环路可能带来的"广播风暴"。数据只会在生成树的有效端口之间进行转发和接收，而不会发送到不包含在生成树的端口上。

为防止在通道拥塞时丢包，可采用流量控制或 QoS 进行处理。

④ 网形网

由智能以太网板组成的网形网如图 3-40 所示。

网形网的应用与环形网类似，在此不再赘述。

(3) 内嵌 RPR 板组网

当 ZXMP S385 设备配置有 RSEB 板时，能够实现以太网业务到弹性分组环的映射，完成 RPR 特有的功能，并利用 SDH/MSTP 环网的通道带宽资源，提供 RPR 所需的双环拓扑结构，完成 RPR 节点的环形互连。

RSEB 板系统侧提供 2 个 RPR SPAN 端口和 4 个 EOS 端口。RPR SPAN 端口可以连接一个 155 Mbit/s～1.25 Gbit/s 的双向 RPR 环。EOS 端口用于 RPR 业务过环或与 SEC、MSE 等 EOS 单板互通。

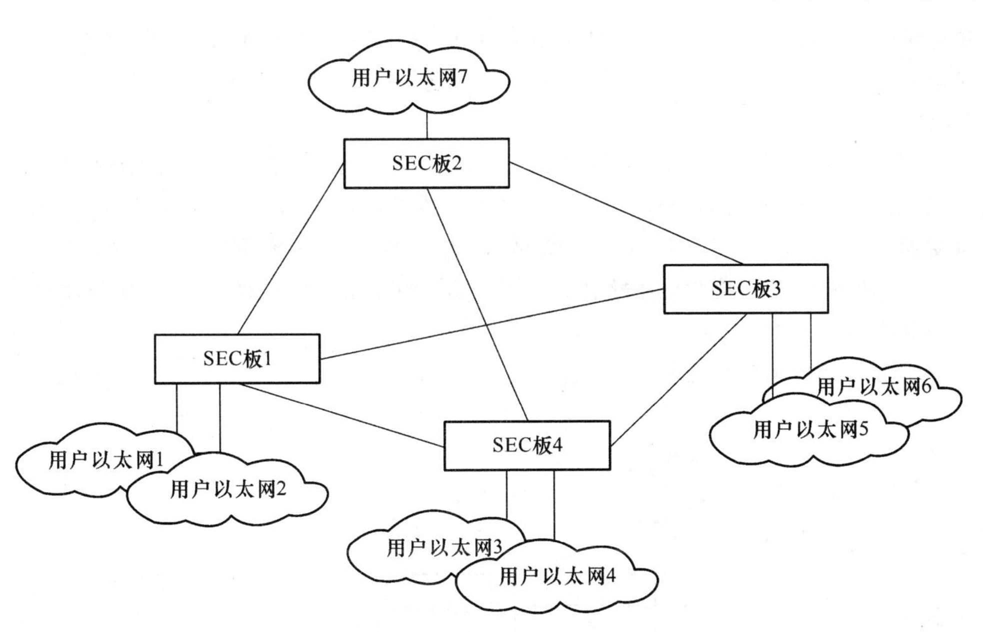

图 3-40 网形网应用

以 RSEB 单板为例，RPR 环网应用如图 3-41 所示。

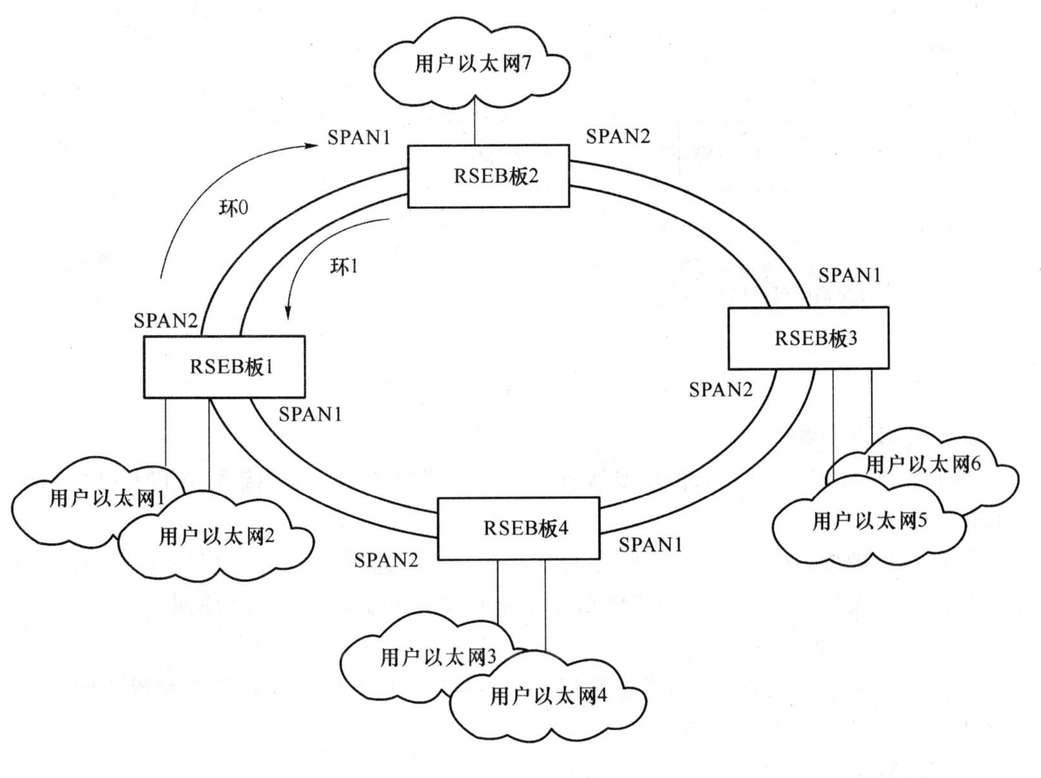

图 3-41 RPR 环网应用

RPR 为双环结构，与 SDH 双向复用段环拓扑类似，由两个相反方向的环组成，顺时针方向的环称为环 0，逆时针方向的环称为环 1。RSEA 单板配置成 RPR 环时，需要将 RPR 环中相邻单板的 SPAN1 口和 SPAN2 口相连，如图 3-40 所示。

(4) ATM 业务运用

当 ZXMP S385 配置有 AP1x8 板时，设备具有城域网设备的 ATM 数据处理功能。

AP1x8 板在 ATM 侧提供 8 个 155 Mbit/s 的光接口，用于接入 ATM 业务，通过本板的交换模块可以实现 VP/VC 等级的本地交换。在系统侧，AP1x8 板提供一路 622Mbit/s 速率的系统接口，通过 ZXONM E300 网管的配置，使 ATM 业务能够通过 SDH 光网络实现远距离传输。

AP1x8 板的典型组网如图 3-42 所示。

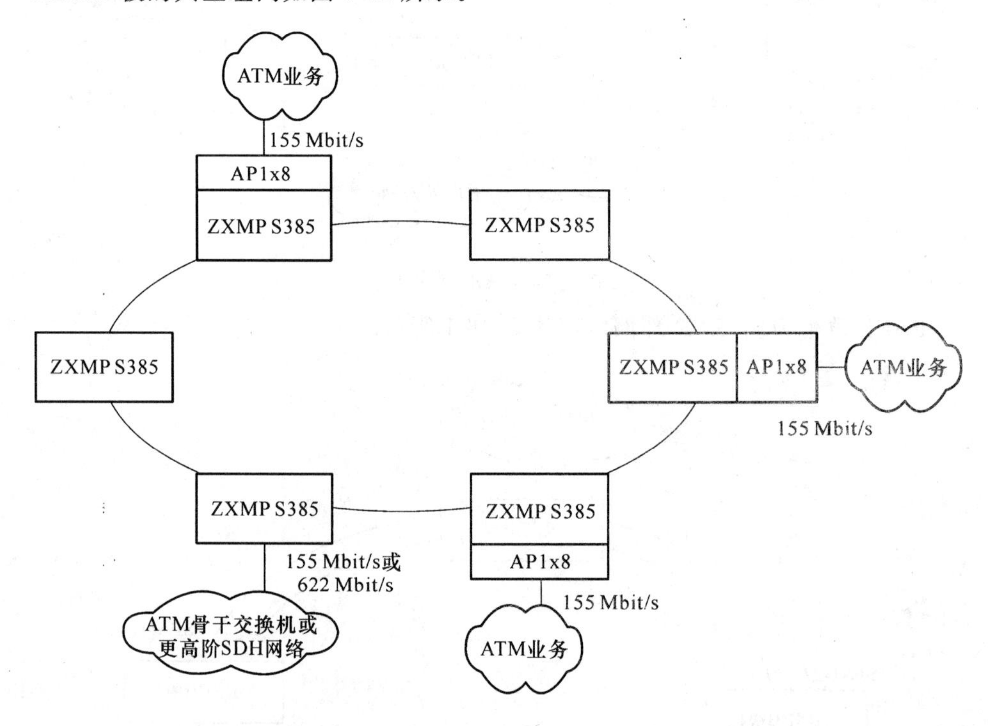

图 3-42　AP1x8 板组网示意图

① ATM 业务接入

在如图 3-44 的组网中，单节点按照 8∶1 的带宽收敛方式接入 ATM 业务，速率为155 Mbit/s。

根据环网速率，ATM 业务数据可共享一个 VC-4 通路或各自占用一个 VC-4 通路。通过环网中的某节点还可接入 ATM 骨干交换机或者更高阶的 SDH 环网。

② AP1x8 板配置要求

为实现带宽收敛功能，提高带宽利用率，在接入 ATM 业务的节点均配置 AP1x8 板，环网中的其他节点则不必配置。

③ ATM 业务保护

ATM 业务支持 SDH 层保护和 ATM 层保护。其中，ATM 层保护指 VP 保护，由 AP1x8 板完成。

在网络发生故障时,SDH层保护首先启用,如果在经历ATM层保护倒换拖延时间后,SDH层保护仍失效,启用ATM层保护;业务恢复后,在超过倒换恢复时间后,ATM业务由保护连接返回工作连接通路。

3. 实例介绍

假设某光传输工程需要在A,B,C,D四个站点采用10 Gbit/s SDH光传输设备通信,各点物理位置如图3-43所示。

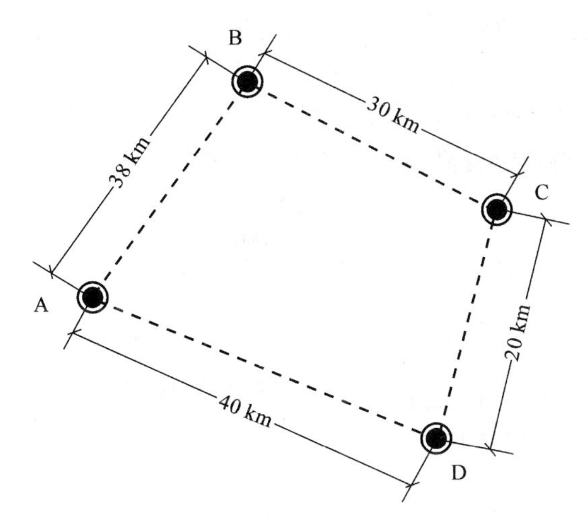

图3-43 站点位置示意图

站点A与站点B、站点C、站点D之间各有2个STM-1光信号业务,在站点B和站点D之间有50个2 M业务,站点A和站点C之间存在小于1000 Mbit/s速率的透传以太网业务,站点A和站点D之间存在ATM业务,STM-1业务为短距业务,站点间可通公务。

(1) 组网分析

① 设备、速率的确定

网络群路速率为10 Gbit/s,建议A,B,C,D站点安装中兴通讯的ZXMP S385,速率为STM-64。

② 网络拓扑的确定

进行组网时,根据站点及业务的分布情况确定网络拓扑结构,一般情况下,由于环形网具有良好的自愈能力,只要路由允许,都应尽量组建为环形网,在线缆、光缆足够时,对于站点为链形分布的情况,也建议将其建成环形网。对于复杂站点分布,可考虑多种网络拓扑混合组网。

在该实例中,根据各站点的地理位置及业务分配情况,建议将四个站点构建为环网。

③ 保护形式的确定

为提高系统的可靠性,将环网配置为STM-64等级的复用段保护环。

④ 网管与接入网元的选择

网管应根据设备类型选择安装。所选网管应尽量保证能够统一管理网络中的各种设备。接入网元是指网络中接入网管计算机的网元,一般选择在业务量较集中的主要局站。

确认网管与接入网元之间采用本地连接或远程连接，如果为远程网管，应确认通信网络的类型。

在本例中，因为网络由 ZXMP S385 组成，所以网管采用 ZXONM E300。接入网元选择业务量最大的站点 A，网管与接入网元之间为本地连接。

⑤ 时钟源、网头网元的确定

时钟源类型应根据用户要求进行选择，包括外时钟、线路时钟和内时钟。网头网元是指配置为时钟源的网元，网络的同步时钟从该网元获得。为便于设备的日常维护，通常将网头网元和接入网元设为同一网元。

在本例中，将网元 A 设定为网头网元，时钟源类型为内时钟。

依据以上的组网分析结果绘出系统组网图，如图 3-44 所示。

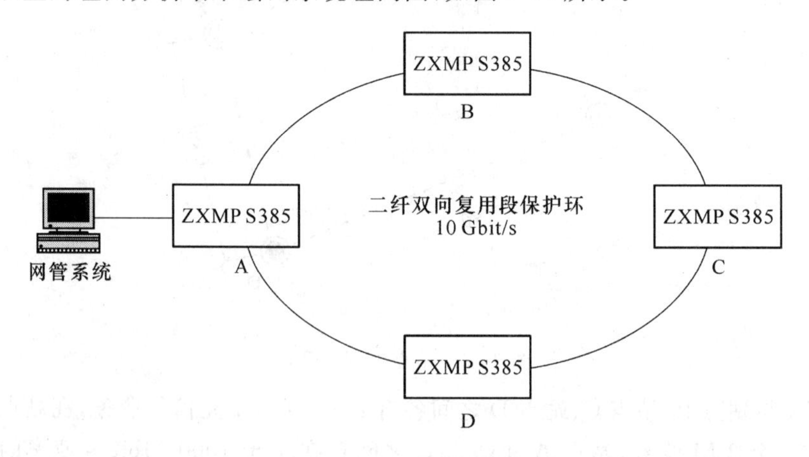

图 3-44　组网示意图

(2) 配置实现

以下介绍单板及组网的配置。

① 单板配置

在对网元配置单板时，应注意以下几点。

- 功能板和功能接口板：包括 MB 板、NCP 板、OW 板、CSA/CSE 板、QxI 板和 SCI 板。功能板为必须配置的单板。为提高系统的稳定性，配置两块 CSA/CSE。
- 业务板和业务接口板：根据业务的速率和数量选择光、电线路板和接口板，并根据传输距离实际情况选择光模块类型。各网元的单板配置如表 3-33 所示。

表 3-33　各站点单板配置列表

单板类型	配置数量			
	站点 A	站点 B	站点 C	站点 D
MB	1	1	1	1
NCP	1	1	1	1
OW	1	1	1	1
CSA/CSE	2	2	2	2

续表

单板类型	配置数量			
	站点 A	站点 B	站点 C	站点 D
QxI	1	1	1	1
SCI	1	1	1	1
OL64	2	2	2	2
OL1x2	3	1	1	1
EIE1x63	—	1	—	1
EPE1x63(75)	—	1	—	1
TGE2B	1	—	1	—
Ap1x8	1	—	—	1

② 组网配置

组网配置操作使用 ZXONM E300 网管实现。根据网元是否在线,有以下两种典型流程。

a. 创建网元为在线

创建在线网元→选择接入网元→安装单板→网元连接→复用段保护配置→业务配置→开销配置→时钟源配置→公务配置→提取 NCP 时间。

b. 创建网元为离线

创建离线网元→选择接入网元→安装单板→网元连接→复用段保护配置→业务配置→开销配置→时钟源配置→公务配置。

配置完成后,将网元修改为在线,下载网元数据库,最后提取 NCP 时间。

习 题

(1) ZXMP S385 机柜结构包括哪几部分?

(2) ZXMP S385 网管系统主要包括哪些接口?各接口的作用是什么?

(3) ZXMP S385 系统硬件包括:________、________、________、________、________。

(4) 什么叫消光比?

(5) MMF 表示__________光纤;SMF 表示__________光纤。

(6) ZXMP S385 硬件平台功能包括哪些部分?

(7) ZXMP S385 时钟源的工作模式包括__________、__________、__________。

(8) ZXMP S385 系统网元控制板 NCP 板的功能是哪些?

(9) 通道倒换环的优点是什么?

第4章 设备安装

4.1 机房环境要求

4.1.1 机房的建筑要求

ZXMP S385 光传输设备的安全运行需要良好的运行环境。因此，传输机房不应设在高温、多尘、易爆或低压地区；应避开有害气体，经常有大震动、强噪声或总降压变电所和牵引变电所的地方。在进行工程设计时，应根据通信网络规划和通信技术要求综合考虑，结合水文、地质、地震及交通等因素，选择符合工程环境设计要求的地址。

机房房屋建筑、结构、采暖通风、供电、照明及消防等项目的工程设计必须严格按光同步传输设备的环境设计要求进行设计，而且还应符合工企、环保、消防及人防等有关规定，符合国家现行标准、规范以及特殊工艺设计中有关房屋建筑设计的规定和要求。

1. 机房承重要求

在仅考虑 ZXMP S385 的情况下，机房承重应大于 450 kg/m^2。

2. 温、湿度要求

ZXMP S385 对环境温度和相对湿度的要求如表 4-1 所示。

表 4-1　温、湿度要求

项目	要求指标
运输和存储温度	−40～70 ℃
工作温度	0～40 ℃
相对湿度	5%～90%

注：温、湿度的测量值指在地板上 1.5 m 和在设备前 0.4 m 处测量的数据。

3. 洁净度要求

洁净度包括空气中的尘埃和空气中所含的有害气体两方面。ZXMP S385 对洁净度的要求如表 4-2 和表 4-3 所示。

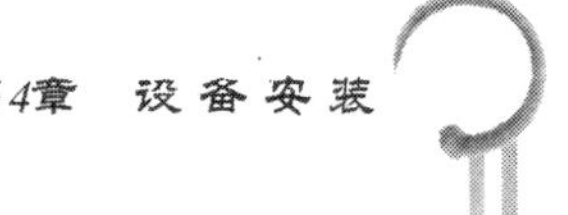

表 4-2 机房内尘粒限值

最大浓度(每立方米所含颗粒数)	14×105	7×105	24×104	13×104
最大直径/m	0.05	1	3	5

表 4-3 机房内有害气体浓度限值

气 体	平均值/(mg·m^{-3})	最大值/(mg·m^{-3})
二氧化硫(SO_2)	0.2	1.5
硫化氢(H_2S)	0.006	0.03
二氧化氮(NO_2)	0.04	0.15
氨(NH_3)	0.05	0.15
氯(Cl_2)	0.01	0.3

为了达到上述要求,设备应在满足下述洁净度要求的机房工作:

- 传输设备机房内无爆炸、导电、导磁性及腐蚀性尘埃。
- 直径大于 5 μm 灰尘的浓度小于或等于 3×104 粒/米^3。
- 传输机房内无腐蚀金属和破坏绝缘的气体,如 SO_2,H_2S,NH_3,NO_2 等。
- 机房经常保持清洁,并保持门、窗密封。

4.1.2 电源要求

设备电源要求包括电源系统供电范围要求以及设备功耗指标。

1. 电源系统供电范围

- 额定工作电压:−48 V。
- 波动范围:−57～−40 VDC。

2. 功耗指标

ZXMP S385 常用单板功耗如表 4-4 所示。设备配置不同,则功耗不同。

子架的最大允许输入电流为 15 A。在配置 10 块 EPE1、2 块 CSA/CSE、2 块 OL64、2 块 OL16 时,常温下整机功耗约 320 W。

表 4-4 ZXMP S385 常用单板功耗列表

单板代号	单板名称	功耗/W
NCP	网元控制板	6
OW	公务板	15
QxI	Qx 接口板	2
CSA	256×256 VC4 交叉时钟板	49.5(包括 TCS)
CSE	1152×1152 VC4 交叉时钟板	36(不包括 TCS)
TCS32	32×32 VC4 时分交叉模块	24
TCS64	2×32×32 VC4 时分交叉模块	15
TCS128	128×128 VC4 时分交叉模块(V2.10 支持)	31

续 表

单板代号	单板名称	功耗/W
TCS256	256×256 VC4 时分交叉模块(V2.10 支持)	44
SCIB	B 型时钟接口板(2 Mbit/s)	2
SCIH	H 型时钟接口板(2 MHz)	2
OL64	1 路 STM-64 光线路板	27
OL16	1 路 STM-16 光线路板	18～25
OL4	1 路 STM-4 光线路板	13
OL4x2	2 路 STM-4 光线路板	12
OL4x4	4 路 STM-4 光线路板	16
OL1x2	2 路 STM-1 光线路板	10
OL1x4	4 路 STM-1 光线路板	12
OL1x8	8 路 STM-1 光线路板	16
LP1x4	4 路 STM-1 线路处理板	8
LP1x8	8 路 STM-1 线路处理板	10
ESS1x4	4 路 STM-1 电接口倒换板	7
ESS1x8	8 路 STM-1 电接口倒换板	12
BIE3	STM-1e/E3/T3/FE 接口桥接板	9.5
EP3x6	6 路 E3/T3 电处理板	20
ESE3x6	6 路 E3 电接口倒换板	5
EPE1x63(75)	63 路 E1 电处理板(接口为 75 Ω)	15
EPE1x63(120)	63 路 E1 电处理板(接口为 120 Ω)	15
EPT1x63	63 路 T1 电处理板	15
EIE1x63	63 路 E1 电接口板(接口为 75 Ω)	0.5
ESE1x63	63 路 E1 电接口倒换板(接口 75 Ω)	倒换前 0.5,倒换后 16
EIT1x63	63 路 E1/T1 电接口板(接口为 120 Ω 或 100Ω)	0.5
EST1x63	63 路 E1/T1 电接口倒换板(接口为 120 Ω 或 100Ω)	倒换前 0.5,倒换后 16
BIE1	E1/T1 电接口桥接板	0.5
SECx48	增强型智能以太网处理板	38
SECx24	增强型智能以太网处理板	25
ESFEx8	以太网电接口倒换板	2.5
AP1x8	8 路 ATM 处理板	26
RSEB	内嵌 RPR 交换处理板	35
MSE	内嵌 MPLS 交换处理板	40
OIS1x8	STM-1 光接口板	7
TGE2B	双路透传千兆以太网板	25
FAN	风扇板	4.2
OA	光放大器	25

注:OA 单板可能会占用一个或两个槽位。

4.1.3 电气保护要求

1. 静电的危害及相应的保护措施

影响传输设备的静电感应主要来自2个方面：一是室外高压输电线、雷电等外界电场；二是室内环境、地板材料、整机结构等的内部系统。

静电会对集成电路板芯片造成损坏，静电还能引起软件故障，能使电子开关失灵。据统计，在损坏的电路板中，有60％是由静电所造成的。因此做好机房的防静电措施非常重要。

建议采用以下防静电措施：

- 设备要有良好的接地。铺设贴有半导电材料的防静电地板时，要以铜箔在若干点处接地(水泥地与半导电地板之间压贴铜箔并与地线相连)。
- 防尘。灰尘对光同步传输设备来讲是一大害。进入机房的尘土或其他物质的微粒容易造成插接件或金属接点接触不良，而在湿度大的情况下，灰尘又会引起漏电。维护中发现由于灰尘积聚造成设备故障经常发生。尤其在机房相对湿度偏低的情况下，易造成静电吸附。
- 保持适当的温、湿度条件。相对湿度过高或过低对机器都不利，湿度过高金属容易发生锈蚀，过低又容易引起静电。
- 当需要接触电路板时，必须戴防静电手腕，穿防静电工作服，可防止人体带来的静电对设备的危害。

2. 干扰的来源及相应的防护措施

随着科学技术和社会经济的发展，在空间中传输的电磁信号越来越多，这些信号可能会影响通信质量，产生串音、杂音等现象，严重时还会影响通信设备的正常工作，甚至中断。这些电磁干扰源包括：

- 输电线路电晕放电的干扰；
- 变压器的电磁干扰；
- 各种开关设备所造成的干扰；
- 大型设备操作中引起的电网波形畸变；
- 射频干扰；
- 地球磁场、外来辐射等自然干扰源。

设备或应用系统外部或内部的干扰，都是以电容耦合、电感耦合、电磁波辐射、公共阻抗(包括接地系统)和导线(电源线、信号线等)等传导方式对设备产生干扰。从设备的对外关系来说，干扰是通过信号线、电源线、接地系统和空间电磁波进行的。

4.1.4 传输设备接地规范

1. 概述

(1) 传输系统接地的分类

传输系统接地涉及3个独立的系统即传输系统、数字配线架和交流配电系统。本节主要介绍传输系统的接地规范，包括传输设备、网管计算机以及外部信号连接3个方面的接地要求。数字配线架和交流配电系统的接地遵照相关专业的规定。

(2) 系统的布置

传输系统、数字配线架和交流配电系统应该分别放置在不同的房间内。对于无法提供上述条件的局,传输设备和数字配线架可以放在一个机房内,交流配电系统应放在另一个机房内。如果 3 个系统一定要放在一个机房内,必须在空间上分开放置,相互之间的距离不得小于 2 m。

(3) 接地要求

地线条件检查应该确保工作地(BGND)与保护地(PGND)之间的电压小于 0.5 V。

2. 传输设备接地要求

按照《通信局(站)电源系统总技术要求(暂行规定)》(1995 年 7 月)和《邮电部电话交换设备总技术规范书》(1997 年 12 月 1 日发布)的要求:交换机所在通信局应采取联合接地方式,接地电阻阻值要求小于 1 Ω。

具体接地要求如下。

(1) 当用户机房采用单独接地时,接地电阻应满足以下要求:

- −48 V GND 的接地电阻:小于或等于 4 Ω;
- 系统工作地的接地电阻:小于或等于 1 Ω;
- 防雷保护地的接地电阻:小于或等于 3 Ω。

(2) 当用户机房采用联合接地时,接地电阻电压应满足以下要求:

- 接地电阻应小于或等于 0.5 Ω;
- 防雷保护地、系统工作地、−48 V GND 三者之间的电压差小于 1 V。

(3) 各种地之间的汇接要求如下:

- 单板−48 V 地与−48 V GND 隔离;
- 防雷保护地仅与保护器件连接,在接地端子处与系统工作地汇接。

3. ZXMP S385 同步光传输设备接地方案

(1) ZXMP S385 同步光传输设备的接地分类

ZXMP S385 同步光传输设备的接地分类主要有以下几个:

- 设备单板等使用的−48 V 电源地;
- 设备外壳的安全保护接地;
- 数字中继电缆的屏蔽双绞线或同轴电缆的屏蔽层接地;
- 网管计算机的接地。

设备的良好接地,一方面起到为设备单板防雷保护电路提供泄流通道的作用,另一方面也起到抵抗外界电磁干扰,防止本机电磁泄漏的作用。

(2) ZXMP S385 同步光传输设备的接地方法

① 外部接地处理

ZXMP S385 设备通过电源地线系统提供 BGND 和 PGND。BGND 为−48 V 电源地,PGND 为保护地,这两个地(连同−48 V)通过随设备提供的电缆分别引入。

对外部接地有如下要求:要求优先考虑采用联合接地方式,即所有地最终共用一个接地体,如图 4-1 所示。

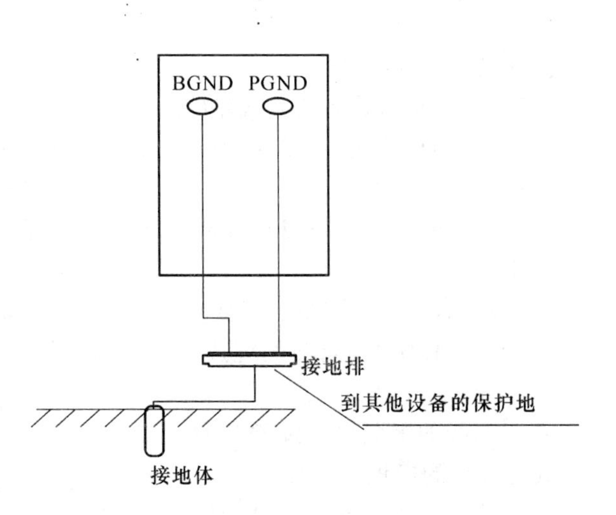

图 4-1 联合接地示意图

如果局方提供给传输设备一个独立的地排(独立于防雷地),那么把设备的电源地线和保护地线合接在这个地排上。

如果局方提供给传输设备两个独立的地排(均独立于防雷地),一个为电源地,另一个为保护地;那么把设备的电源地线接到工作地排上,把保护地线接到保护地排上。

如果局方提供给传输设备一个独立的地排(也用于防雷地),那么把设备的电源地线和保护地线合接到这个地排上。

② 多设备接地

同一机房 ZXMP S385 设备的保护地应分别接到局方提供的保护地铜排上。同一机房各设备的电源地应分别接到局方提供的电源地铜排上(按照联合接地的原则,这两个地最终是合在一起的)。如果局方只能提供一个地,则把电源地和保护地分别接到该地铜排上。要求接地线尽量短,工程安装时如果接地线过长,应截断,避免接地线盘绕。多设备接地连接如图 4-2 所示。

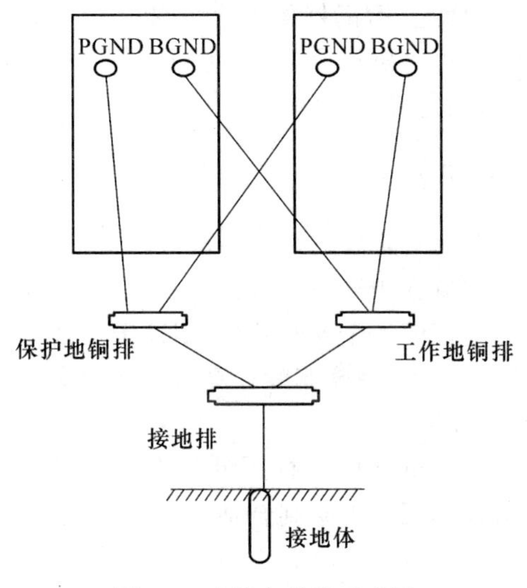

图 4-2 多设备接地示意图

(3) 与交换设备、接入网设备间的连接

检查交换设备、接入网设备和传输设备收发同轴线的外皮是否和机壳相连。

为了保证传输信号的质量,当传输设备与交换设备之间通过同轴电缆连接时,要求收发端同时接PGND。由于交换设备直接与外界相连,在可能引入外界过电压、过电流的情况下,同轴电缆连接线两端不能同时接地,可以在收端与PGND断开。

(4) 中继电缆接地处理

对于ZXMP S385设备的E1/T1电接口接地,要求输出端和输入端双端接PGND;在可能引入外界过电压、过电流的情况下,同轴电缆连接线两端不能同时接地,在收端与PGND断开。

数字中继电缆的屏蔽双绞线的屏蔽层应接PGND,可以在DDF架处接地。

(5) 网管计算机及其连接线的接地

终端设备的机壳应与传输设备机壳相连。对于计算机系统,由于其工作地和外壳保护地已接至交流电源三孔插头的保护地上,各计算机均通过电源插线板的保护地连至接地极。从实际应用来看,由于电源电缆的线径较细,插线板也存在较大接触电阻,加上显示器的高压放电以及220 V交流的感应耦合,计算机系统的地电位有较大波动,常常导致网络通信的异常。因此,需采用粗接地电缆(此电缆随设备发货)代替网管计算机的电源电缆中心线,接至机房保护地排或传输设备外壳地。若计算机供电采用UPS,也要求UPS机壳与机房保护地排或传输设备外壳地相连,此时必须将交流地线(PE)断开。

4.2 机柜安装

4.2.1 在水平地面上安装

取出随机柜发货的划线模板,选择好固定机柜的位置,将模板平铺在水平地面上,用笔在地板上标记出机柜安装孔的位置。

移去划线模板,在水平地面上标记好的4个安装孔处,用冲击钻打4个ϕ16 mm的孔。放入膨胀螺栓并固定好,再将机柜放上去,使膨胀螺栓穿过机柜安装孔,然后利用膨胀螺栓的螺母将机柜牢固地固定好。

4.2.2 在防静电地板上安装

ZXMP S385设备机柜在铺有防静电地板的机房内安装时,需采用支架。安装机柜前先移去防静电地板,将支架放置在预安装位置的地板上,用笔标记出支架安装孔的位置。移开支架,在水平地面上标记好的4个安装孔处,用冲击钻打4个ϕ16 mm的孔。放入膨胀螺栓并固定好,再将支架放上去,使膨胀螺栓穿过支架的安装孔。然后利用膨胀螺栓的螺母将支架牢固地固定在地面上。

支架高度可在160～460 mm之间进行无级调节,支架可以根据防静电地板的高度,通过调节上、下支架的相对移动调节支架到合适的高度。此种通过无级调节支架高度的安装方式,可以灵活运用于防静电地板具有不同高度的机房。

机柜的安装采用托地板方式,即将防静电地板夹在机柜与支架之间(在防静电地板上预留有螺钉和线缆走纤的孔位),用螺栓穿过防静电地板,将机柜、防静电地板和支架固定在一起,从而达到对机柜固定和支撑的目的。

4.3 ZXMP S385 设备安装

4.3.1 设备机柜安装

1. 硬件安装流程

ZXMP S385 设备的硬件安装流程图如图 4-3 所示。

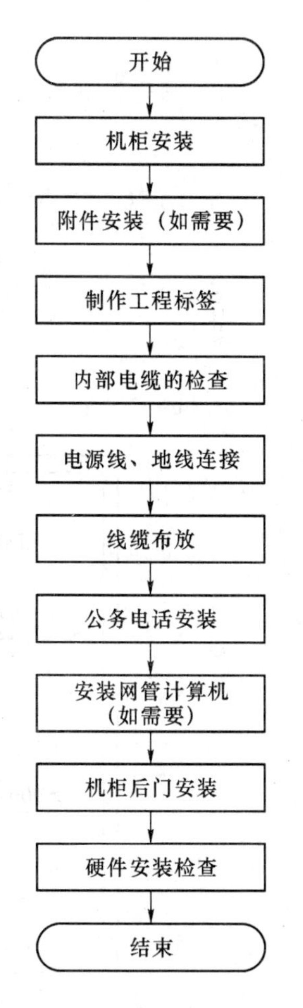

图 4-3 硬件安装流程图

硬件安装是整个安装施工的主体和基础。安装时,应严格按照上述流程进行安装,注意确保安全。由于 ZXMP S385 是比较贵重的传输设备,安装时应尽量小心。

2. 设备安装准备

设备安装施工的内容根据具体工程情况的不同有所区别。通常,ZXMP S385 设备的子架在出厂前已经装配于机柜中,单板和内部线缆在发货时也已插接完毕。但在运输过程中,可能会出现松动,需要根据实际情况将设备的螺钉重新紧固或插件重新插紧。设备安装工作主要包括:机柜安装、工程标识制作、线缆铺设等。根据设备形式及具体工程情况的不同,设备安装施工过程中还可能需要进行设备内部的组装以及网管计算机的安装工作。

3. ZXMP S385 设备机柜安装

(1) 机柜安装流程

根据用户要求安装 ZXMP S385 设备时,首先需要进行机柜的固定。机柜安装方式包括直接安装和基座安装两种,机柜安装流程如图 4-4 所示。

(2) 机柜安装要求

- 机柜的排列、安装位置及方向应当符合工程设计图纸的要求。
- 检查设备待安装位置,确认不存在槽道、支架等阻挡设备机柜线缆进出口的情况,如有阻挡应与建设单位协商改变设备机柜或槽道、支架等的安装位置。
- 机柜的定位应考虑方便维护、地面承重均匀、便于安装和系统扩容等因素。
- 机柜安装前后开门空间应大于 0.8 m,机柜侧面空间不小于 0.9 m,机房高度不低于 3 m。机柜在机房中放置时的平面俯视图如图 4-5 所示。
- 机柜的安装应端正牢固,水平、垂直偏差不应大于机柜高度的 1/1000。
- 所有紧固件必须装配齐全、牢固。
- 当多个机柜在机房中并排放置时,水平、垂直偏差不应大于机柜高度的 1/1000,机柜间隙均匀,且不应超过 3 mm。

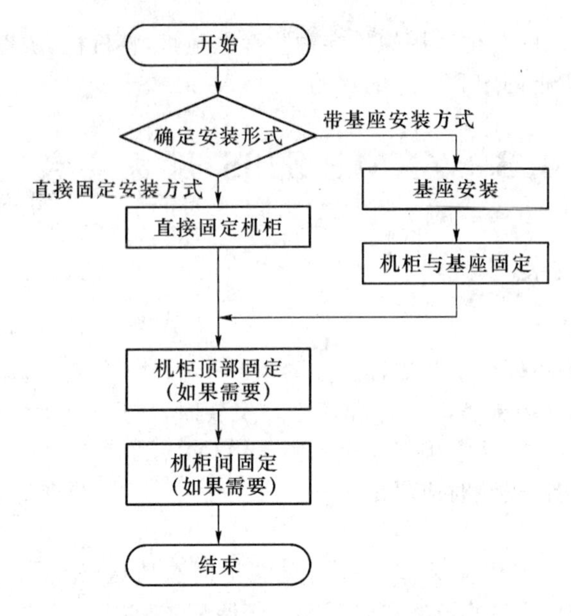

图 4-4　机柜安装流程图

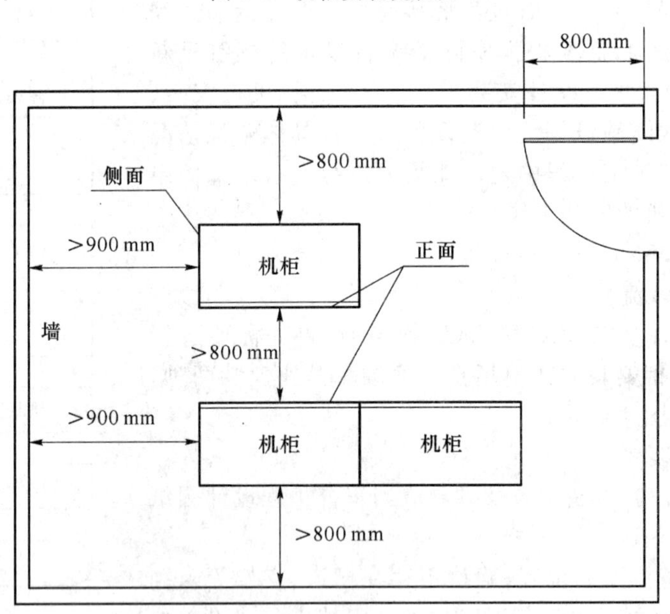

图 4-5　机房平面俯视图

- 在抗震要求较高的机房内,设备应进行抗震加固。
- 在机柜的安装固定过程中,应至少 3 人合作搬抬,可不借助其他特殊的搬运工具。

(3) 机柜固定

根据施工图中的要求和机房环境确定设备的安装方式。通常,若机房地面为混凝土或木地板,则采用直接固定安装方式固定机柜。

确定安装形式后,根据不同安装方式准备安装附件,ZXMP S385 安装所需附件如表 4-5 所示。

表 4-5 ZXMP S385 机柜安装附件

安装形式	附件名称	型号、尺寸	单位	数量	备注	
混凝土地面（不带地脚安装）	弹簧垫圈		个	4	与螺栓配套	所有附件均包含在压板整件中一起发货
	平垫圈		个	4	与螺栓配套	
	膨胀螺栓	M12×100	套	4	带螺母	
混凝土地面（带地脚安装）	压板整件	624485000101	套	4	带膨胀螺栓、螺母、垫圈	
木地板	六角木螺钉	M12×65	个	4		
	平垫圈		个	4	与木螺钉配套	
架空地板（固定基座）	六角螺栓	M12×40	个	4	基座配件	
	弹簧垫圈		个	4	与螺栓配套、基座配件	
	平垫圈		个	8	与螺栓配套、基座配件	
	螺母	M12	个	4	基座配件	
	膨胀螺栓	M12×100	套	4	带垫片螺母、基座	
	固定基座（高×宽×深）	H×600 mm×600 mm/300 mm/450 mm	套	1	高度 H 由工程勘查确定，深度与机柜配套	
架空地板（可调基座）	六角螺栓	M12×40	个	4	基座配件	
	弹簧垫圈		个	4	与螺栓配套、基座配件	
	平垫圈		个	8	与螺栓配套、基座配件	
	螺母	M12	个	4	基座配件	
	膨胀螺栓	M12×100	套	4	带垫片螺母、基座配件	
	可调基座（宽×深×高）	600 mm×300 mm×160～260 mm，600 mm×300 mm×260～460 mm，600 mm×600 mm×160～260 mm，600 mm×600 mm×260～460 mm	套	1	深度与机柜配套	
顶部固定	上固定板		个	4	与顶棚、走线架连接固定用	
	六角螺栓	M8×25	个	8		
	弹簧垫圈		个	8	与螺栓配套	
	平垫圈		个	8	与螺栓配套	
	螺母	M8	个	4		
并柜固定	连接板		个	2	并排机柜间固定用	
	六角螺栓	M8×25	个	4		
	弹簧垫圈		个	4	与螺栓配套	
	平垫圈		个	4	与螺栓配套	

直接固定安装步骤如下所示。

- 安装前应对机柜内各子架的加固方式、安装附件、插件接触可靠性等予以检查，如发现有螺钉、插件松动等情况应加以紧固。
- 为便于机柜安装施工，应旋下机柜底部的四个支脚并卸下机柜后门。对于双子架配置的 2 600 mm 机柜需先拆下最下面的走线区或子架，以免妨碍安装。
- 根据机柜的布放位置，将模板与设计时机柜安装的位置完全重合。利用模板，标记安装孔的位置。所谓“模板”是指机柜安装时，画线用的纸板，与设备底座尺寸相同，并随设备一同发送，模板示意图如图 4-6 所示。

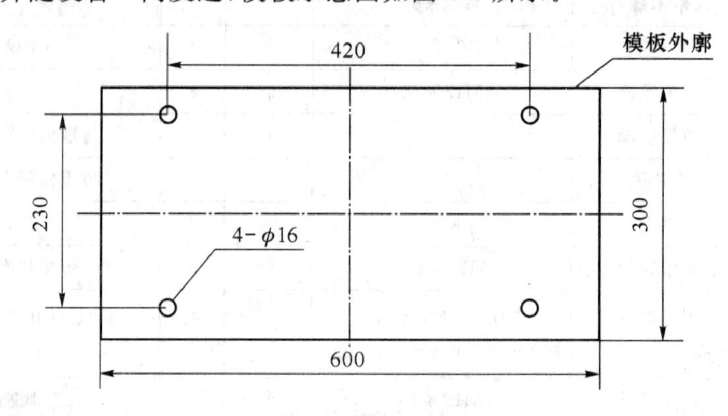

图 4-6 划线模板图

注意：为防止出现错误，在所有孔位线画好后进行重复测量，核对每一个尺寸正确无误。

针对不同地面条件，分别按照下述方法进行机柜的固定。

a. 混凝土地面的安装

移去模板，在混凝土地面的每个安装孔标记处，用冲击钻打 4 个 $\phi16$ 的圆孔，孔深 50 mm，在清除地面泥灰后，用手锤和专用芯棒锤击锥销，使锥销底部与螺母底部平齐。将机柜底部安装孔对准螺母孔，依次放上平垫圈和弹簧垫圈，再将六角螺栓旋入螺母中拧紧即可。混凝土地面安装示意图如图 4-7 所示。

b. 木地板地面的安装

移去模板，在木地板地面的每个安装孔标记处，用手电钻在安装孔位置上钻 4 个 $\phi16$ 的圆孔，将机柜底部安装孔对准地板上的安装标记，并用六角木螺钉将机柜固定于木地板上即可。木地板安装示意图如图 4-8 所示。

(4) 基座固定安装

基座固定安装方式通常适用于悬浮地板(防静电地板)的机柜安装。安装步骤如下。

① 安装前，应核实基座高度是否等于机房混凝土地面与悬浮地板上表面的距离。

② 根据机房布局图确定机柜的安装位置，应避免安装基座与悬浮地板骨架发生位置上的冲突，尽可能保持地板骨架的完整性。如果冲突不可避免，应在安装时去掉发生冲突处的地板骨架。

③ 根据机柜的布放位置，利用模板标记基座安装孔的位置，模板示意图如图 3-5 所示。

④ 移去模板，在混凝土地面的安装孔位置，用冲击钻钻 4 个 $\phi16$ 圆孔，孔深 50。清除地面泥灰后，将 4 个 M12×50 钢膨胀螺母塞入孔中，再把锥销放入螺母中，用手锤和专用芯棒

锤击锥销,使锥销底部与螺母底部平齐,然后将安装基座的底部安装孔对准螺母孔。依次放上平垫圈、弹簧垫圈和 M12×25 六角头螺栓旋入螺母中拧紧。安装基座如图 4-9 所示。

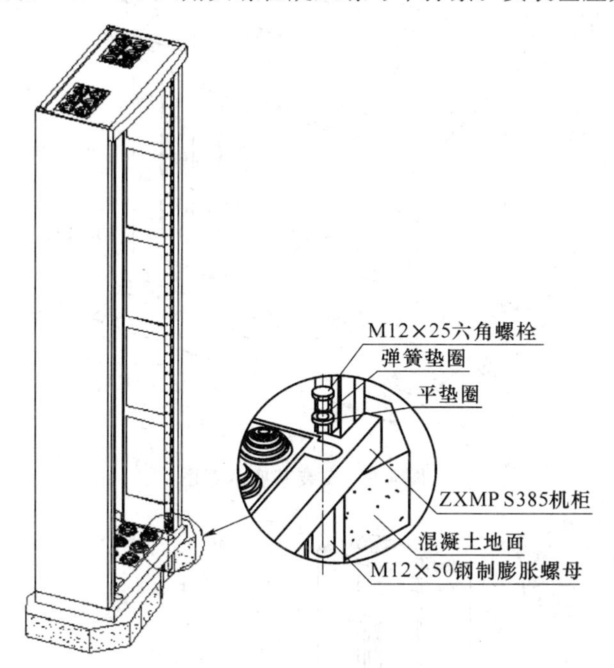

图 4-7　混凝土地面安装示意图

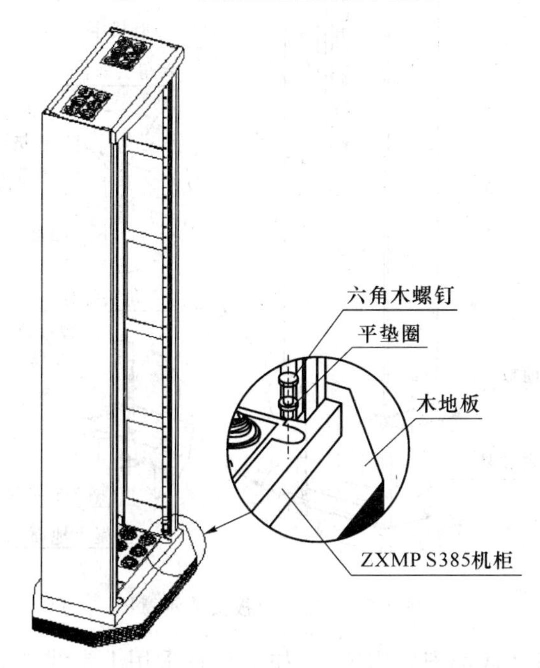

图 4-8　木地板地面安装示意图

⑤ 卸掉机柜底部的调节螺栓,将机柜底部的安装孔对准基座安装孔,并用 M12×25 六角螺栓、平垫圈、弹簧和螺母将机柜与安装基座连接拧紧,如图 4-10 所示。

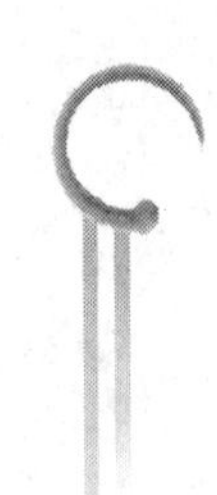

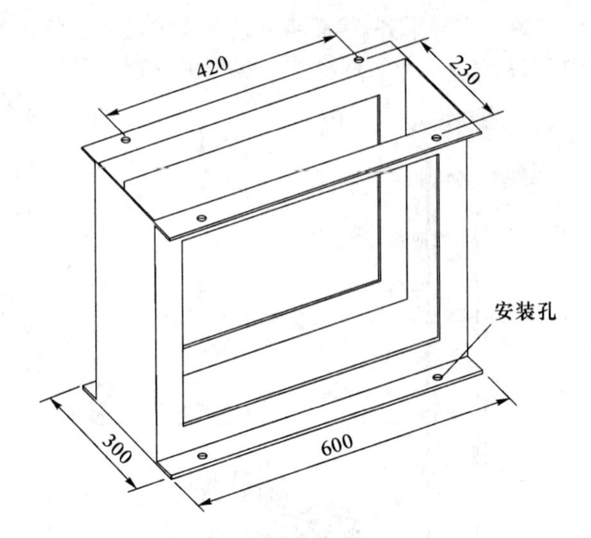

图 4-9　安装基座示意图

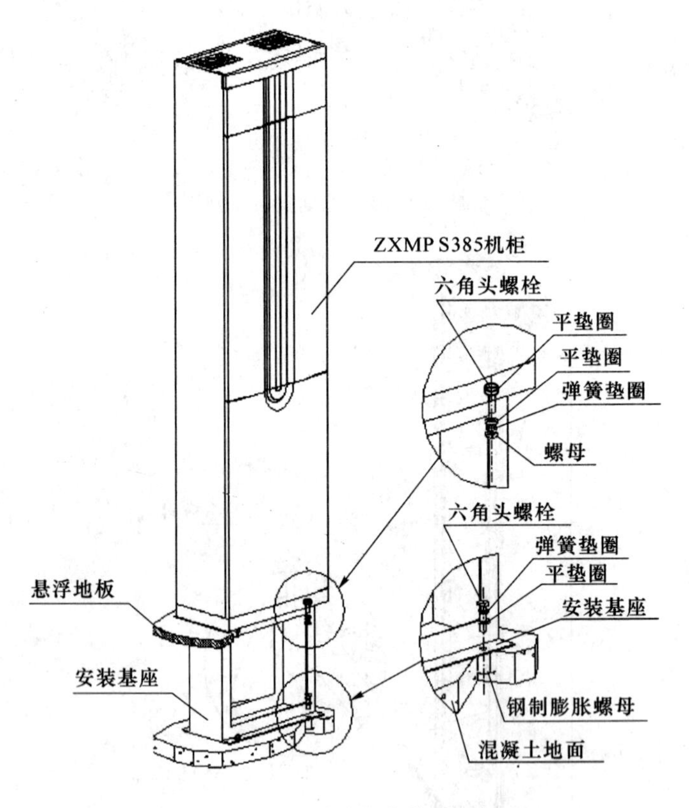

图 4-10　悬浮地板安装示意图

ZXMP S385 设备在底部安装固定后，如果设备采用上走线方式，还可使用钢制上固定板将机柜固定在用户走线架上。

- 核实上固定板的长度是否与机柜顶部至走线架的垂直距离相等。
- 安装时，将上固定板的一端安装孔与机柜顶部的安装孔对齐后，先放上垫圈，再将M8×25

六角螺栓拧入顶部安装孔。机柜顶部安装孔内有螺纹,其开孔尺寸如图 4-11 所示。

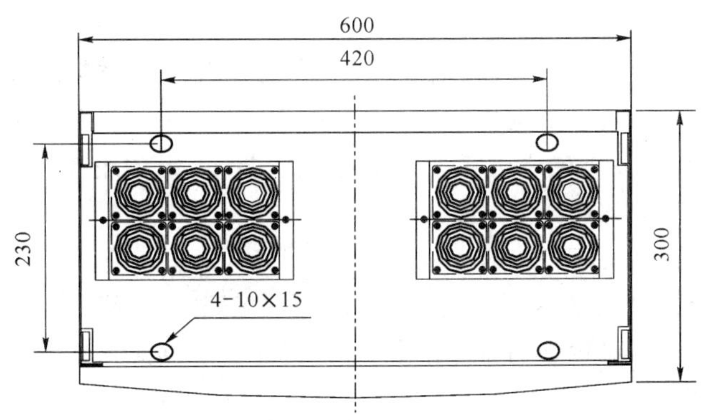

图 4-11 机柜顶部开孔尺寸图

- 根据机房走线架安装孔尺寸选用相应型号的螺栓、螺母,将上固定板的另一端固定在走线架上。中兴通讯提供的六角螺栓型号为 M8×25。安装方便时,每个机柜需要四块上固定板,并柜连接或背靠背安装时可依据实际情况选择上固定板的数量。

当多机柜并排安装时,其底部固定方式同单机柜固定。机柜顶部之间使用连接板连接固定。安装时,首先将连接板对准机柜顶部的安装孔,对准安装孔放上垫圈,再将 M8×25六角螺栓拧入安装孔即可,如图 4-12 所示。

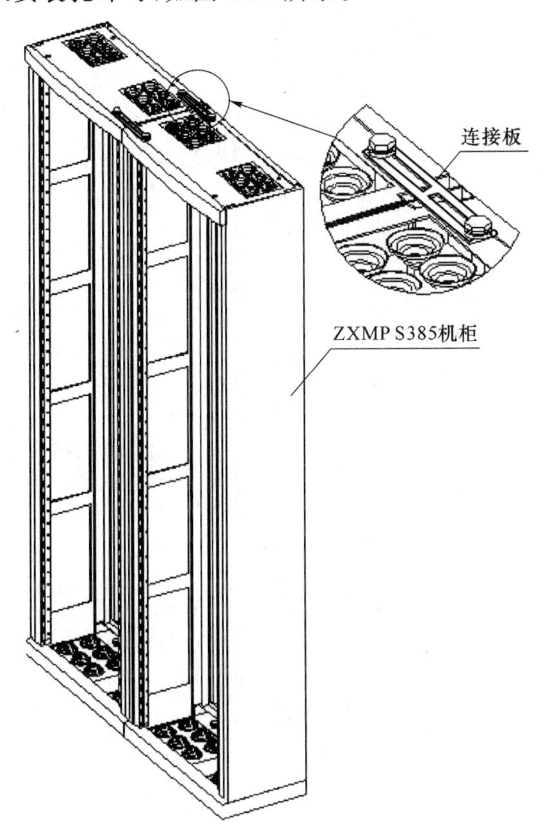

图 4-12 并柜连接示意图

4.3.2 机柜附件安装

机柜附件包括子架、单板、风扇、电源、话机托架等组件。通常在出厂前，这些附件已经安装到机柜中。由于具体工程情况的不同，也可能需要进行设备内部的组装工作。

注意：防静电手环必须在话机托架安装好后安装，风扇插箱应当在子架安装好后安装，其他附件的安装可不分先后顺序。

(1) 子架的安装

在进行子架安装前，首先对子架进行检查，外观应完好、无变形，并根据工程资料和安装手册确认设备子架在机柜中的安装位置，子架的布置应满足操作便捷、设备通风散热良好的要求。

将 ZXMP S385 设备按指定位置装入机柜，装入时应保证平直、顺畅，如有滞涩应检查机柜或设备子架有无形变，不可用蛮力，以免损伤设备。子架装入机柜后，使用 M5 皇冠螺钉及配套垫圈将其与机柜可靠固定。

(2) 风扇插箱安装

风扇插箱的安装位置位于子架下方。安装时，需打开前门，握住风扇插箱把手，从前往后推入，并在固定后，将风扇面板左右两侧的螺母 M3 拧紧。风扇插箱安装示意图如图 4-13 所示。

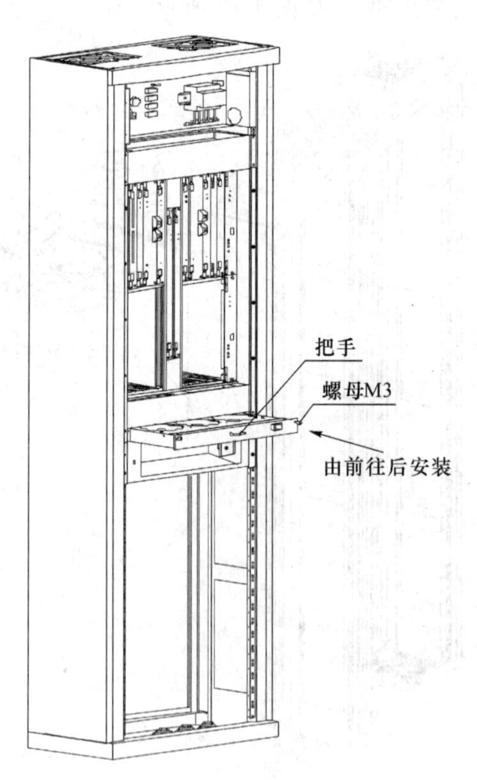

图 4-13　风扇插箱安装示意图

(3) 电源告警单元安装

电源告警单元位于子架的上方。电源告警单元的安装方式与风扇插箱类似,从前往后安装,使用 M5 皇冠螺钉及配套垫圈将其与机柜可靠固定。

(4) 防静电手环的安装

防静电手环插孔位于话机托架的右侧。话机托架安装好后,应当将防静电手环的插头插入话机托架的防静电手环插孔,手环在不使用时应当挂在前门内侧的挂钩上。防静电手环的安装示意图如图 4-14 所示。

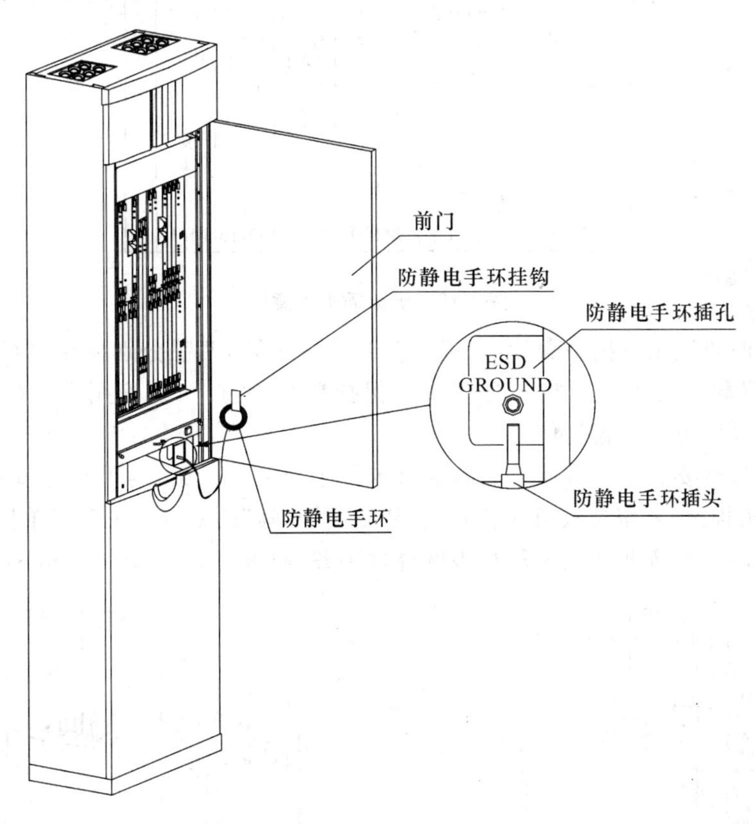

图 4-14 防静电手环安装示意图

4.3.3 单板安装

以下介绍单板在子架中的安装配置、插拔单板步骤及插板操作注意事项。

1. 单板与子架槽位对应关系

子架插板示意图如图 4-15 所示。

2. 插拔单板步骤

插单板的具体步骤如下所示。

① 取出防静电袋内的单板,检查有无机械性损伤,由于单板内有大量 CMOS 元件,接触单板前必须采取可靠的防静电措施。

② 按照设计资料中的板位图和单板可用槽位的要求,将单板插入设备子架中的相应

槽位。

BIE3	ESE3	ESE1	ESE1	ESE3	OW	NCP	NCP	QXI	SCIB	BIE1	ESE1	ESE1	ESS1	BIE3
61	62	63	64	65	17	18	19	66	67	68	69	70	71	72

EPE3	EPE3	EPE1	EPE1	EPE3	OL4	OL16	CSA	CSA	OL16	OL1	EPE1	EPE1	EPE1	LP1	LP1
1	2	3	4	5	6	7	8	9	10	11	12	13	14	15	16

图 4-15　子架插板示意图

③ 插板时首先按下扳手簧片，把扳手放到水平位置，两手分别抓住单板上、下扳手，将单板对准导轨小心推入。推入过程中应保持单板垂直，可适度用力。操作示意如图 4-16(a)所示(以 OL4x2 板为例)。

④ 在单板将要到位时将扳手上的卡口卡住子架的前横梁，两手同时适度用力向下、向上推压单板扳手，直至单板扳手直立、簧片发出“咔哒”的锁定声。此时单板插头完全插入了背板插座，单板面板应与机箱单板区外框平齐，插板完成。如图 4-16(b)所示。

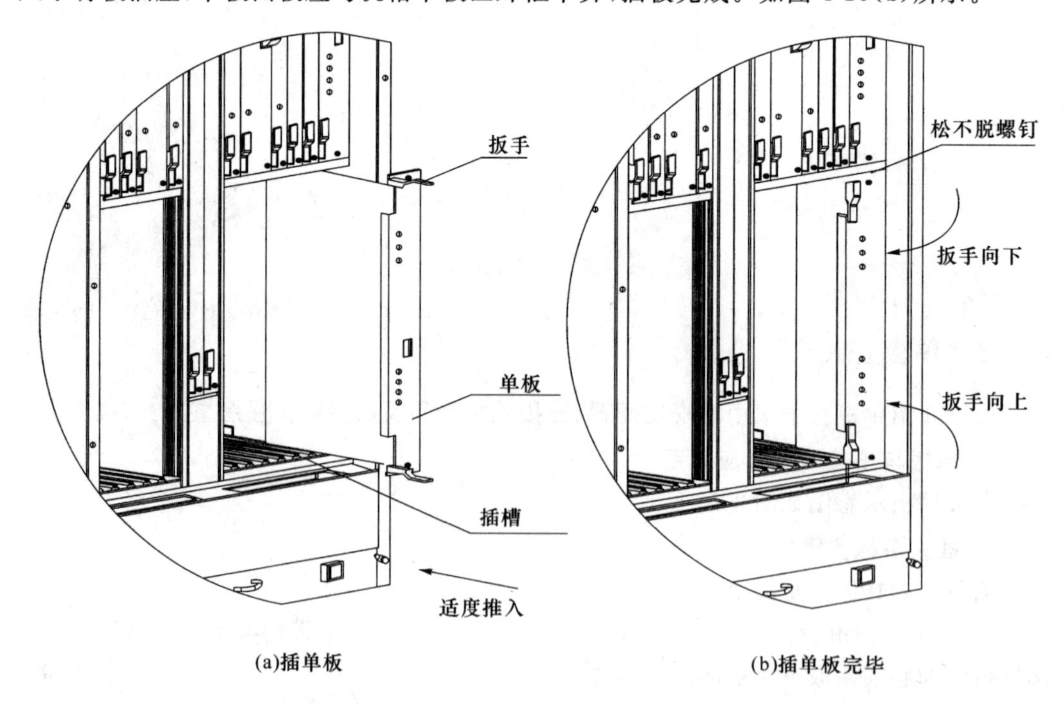

图 4-16　插单板顺序

拔单板时，首先松开单板面板上的松不脱螺钉，然后将扳手分别向上、向下扳动，如图4-17(a)所示。拇指按住单板上下扳手，适度用力，使单板平滑地退出插槽，如图4-17(b)所示。

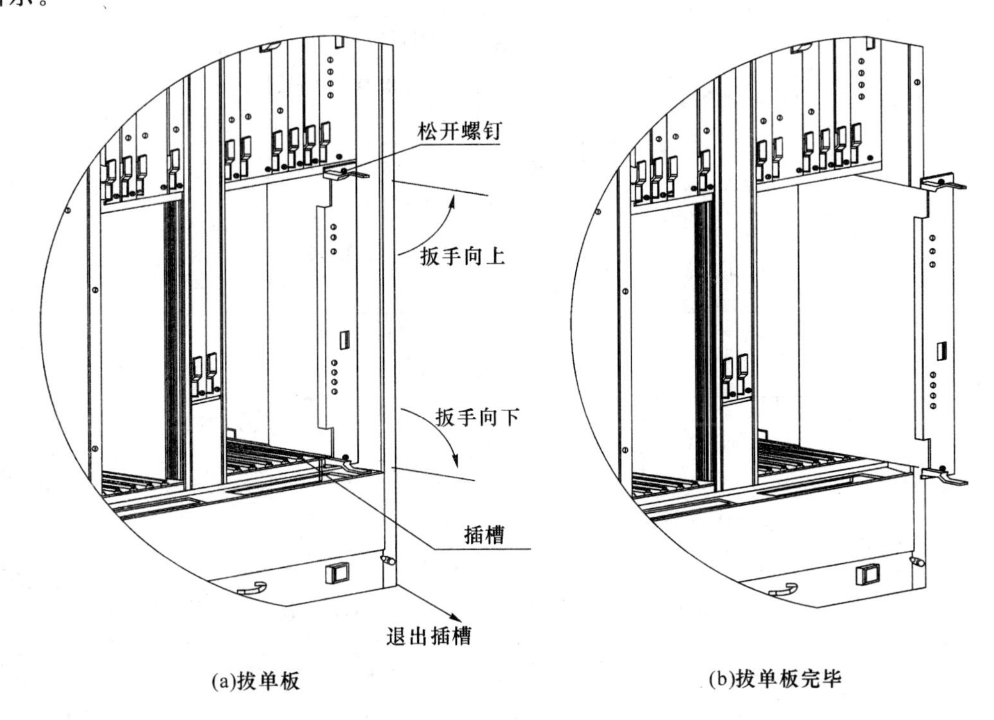

(a)拔单板　　(b)拔单板完毕

图 4-17　拔单板顺序

4.4　线缆安装

4.4.1　外部接口及连接

以下给出 ZXMP S385 外部线缆连接关系表及上/下走线外部线缆布放示意图。

1. 外部线缆连接关系表

ZXMP S385 常用外部线缆的连接关系如表 4-6 所示。

表 4-6　ZXMP S385 外部接线表

序　号	线缆组件名称	去向	
		A端	B端
1	外接电源线(蓝、黑、黄绿)	电源分配箱接线端子	用户电源分配架
2	75Ω、2M微同轴电缆	75Ω、2M业务接口板	电缆配线架(DDF架)
3	120Ω、2M电缆	120Ω、2M业务接口板	电缆配线架(DDF架)
4	100Ω、1.5M电缆	100Ω、1.5M业务接口板	电缆配线架(DDF架)

续 表

序　号	线缆组件名称	去向	
		A 端	B 端
5	网管网线	QxI 板的网管接口插座(Qx)	HUB 或网管计算机网卡
6	列头柜告警电缆	QxI 的告警输出插座(ALARM_OUT)	列头柜
7	告警输入电缆	SCI 板的外部告警开关量输入接口 ALARM_IN	告警设备
8	F1 接口电缆	SCI 板的同向数据接口(F1) DB9 插座(孔)	用户设备
9	AUX 电缆	QxI 板的辅助用户数据接口"AUX(RS422/RS232)"	用户设备
10	75 Ω 时钟电缆	时钟接口板	电缆配线架(DDF 架)或时钟设备
11	120 Ω 时钟电缆	时钟接口板	电缆配线架(DDF 架)或时钟设备
12	34M/45M/155M 电缆	34M/45M/155M 电接口倒换板	电缆配线架(DDF 架)等用户设备
13	以太网板网线	以太网电接口板	网线配线架
14	尾纤	光线路板、以太网光接口板	光纤配线架(ODF 架)
15	公务电话线	SCI 板的公务电话接口	电话机

2. 告警电缆

告警电缆采用 8 芯多股双绞圆电缆，规格为 SBVVP -4×2×1-7/0.15。根据长度不同分为 A2，B2，C2 和 D2 四种型号。A2 长 0.62 m，适用于 2 200 mm 机柜；B2 长 1.02 m，适用于2 600 mm 单子架机柜；C2 和 D2 分别长 0.93 m 和 2 m，均适用于 2 600 mm 双子架机柜。告警电缆一端接子架接口区的 WARN 接口，另一端接电源告警单元的"WARN 1"和/或"WARN 2"插座，一个子架配置一个告警电缆，连接示意图如图 4-18 所示。

3. BITS 电缆

BITS 电缆采用 75 Ω 单股同轴电缆，规格为 SYV-75-2-1。设备端接口位于 BITS 板，采用射频同轴连接器插头(CC4 插头)。另一端与用户设备相连，接口形式由用户提供并现场制作，长度也根据用户需要现场制作。

BITS 板包括两类接口：设备物理接口和外部时钟接口。其中，设备物理接口为 DB15(针)型插座，位于子架接口区，标识"BITS"，如图 4-19 所示，与 BITS 板后面板的 DB15(孔)型插座相对应；外部时钟接口即 2 Mbit/s 时钟输入输出接口，通过 BITS 电缆与用户设备相连。

BITS 电缆的连接、单板与设备的连接如图 4-20 所示。

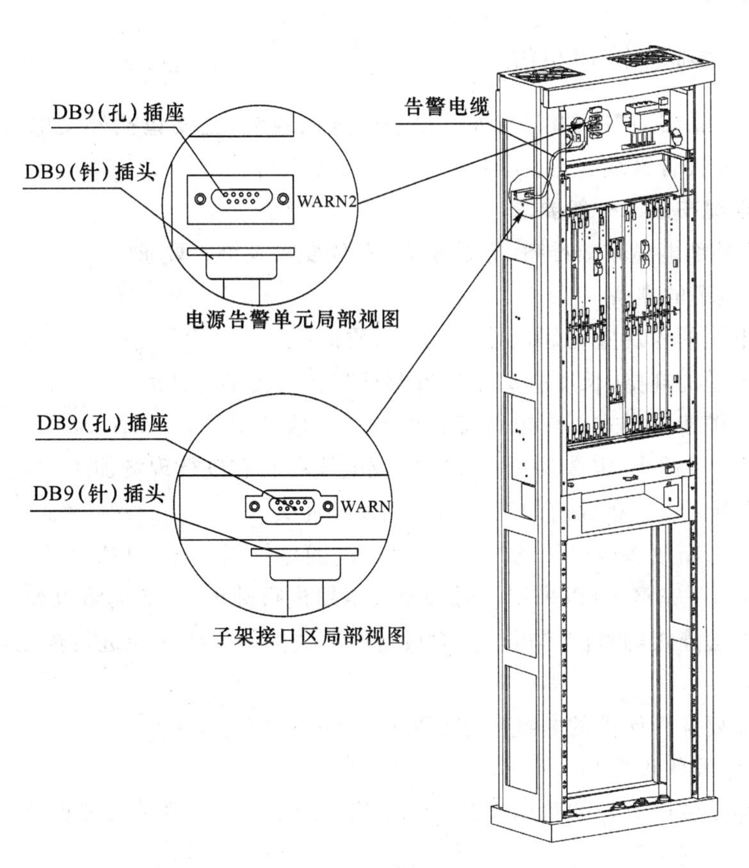

图 4-18 告警电缆连接示意图

WARN Q EXP ALARM F1 OW BITS POWER

BITS接口

图 4-19 BITS 接口位置示意图

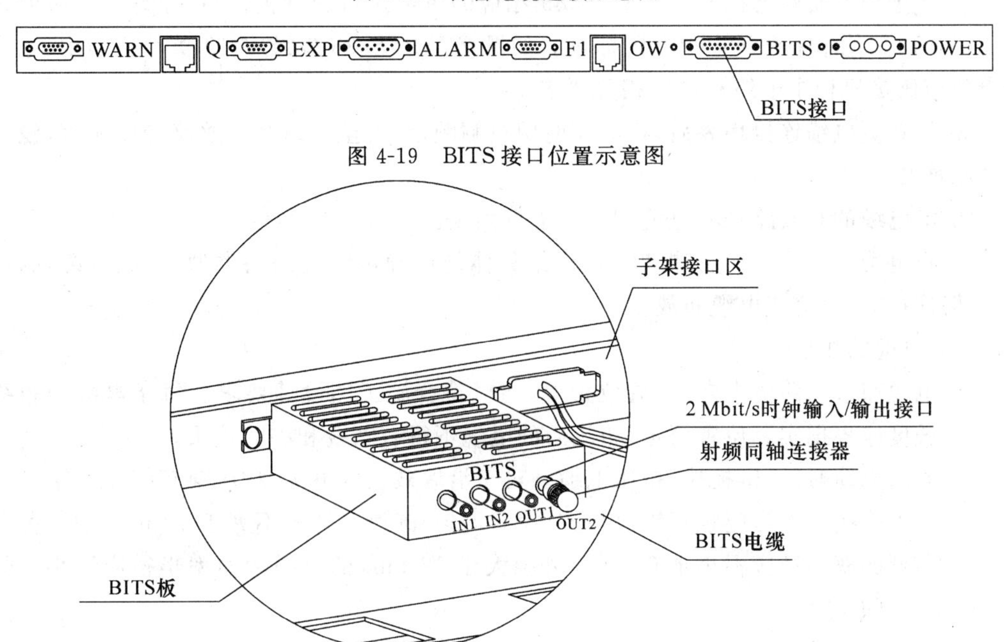

图 4-20 BITS 板连接示意图

4.4.2 外部线缆连接和布放

外部线缆是指 ZXMP S385 与外部设备相连的线缆，主要包括外接电源线、地线、网线、业务电缆、外接告警线、时钟同轴电缆、尾纤、公务电话线。

1. 外部电缆布放的一般要求

以下介绍外部电缆布放准备、布放步骤、布放要求及绑扎要求。

(1) 布放电缆的准备

① 检查电缆的外观应完好，出厂记录、品质证明等应齐全。

② 核对电缆的规格、长度应满足设备要求和合同要求。

③ 按照电缆接口形式制作电缆连接插头。一般情况下，ZXMP S385 所用电缆的设备端已经带有连接插头，电缆的用户端在完成电缆布放后进行现场加工，对于可以精确掌握长度的电缆也可以在布放前加工好用户端连接插头。

④ 对于同时布放多根电缆的情况，应将电缆的标签制作好并粘贴牢固。如果暂时不能将标识内容填写完整，可以采用临时编号对电缆进行标识，以免混淆电缆。

⑤ 根据电缆连接的目的单板位置对设备内部线缆的走线路径进行规划，规划时要考虑扩容情况。

⑥ 对于需要穿管保护的电缆应在布放前穿好保护管。

(2) 布放电缆的步骤

① 按照施工图中设计的路由，将电缆由 ZXMP S385 的进线口敷设至 DDF 架等用户设备。

② 将电缆设备端连接到 ZXMP S385 相应的单板接口和背板接口，注意布放后的线缆不得妨碍其他单板和风扇单元的插拔。如果 ZXMP S385 安装在 19 英寸机柜内，电缆的布放应满足机柜中电缆布放的相关要求。

③ 设备侧电缆连接稳妥后，将电缆向用户侧顺延，直至电缆在布放路径中顺直，没有卷曲和堆叠。

④ 沿电缆的布放路径将电缆用扎带进行固定。

⑤ 将电缆引入 DDF 架，根据 DDF 架具体规格确定终端插头类型，剪裁电缆，制作 DDF 架连接插头，完成电缆布放。

(3) 电缆的布放要求

- 电缆布放的路由走向、布放位置等，均应符合施工图设计要求。每条电缆的布线长度应根据实际位置而定，布放后的电缆不得有断线和中间接头。
- 布放电缆时，不得拖拉、挤压电缆。对于沿墙敷设的电缆，均应穿套管加以保护。
- 在走线槽中电缆应顺直排放整齐，拐弯均匀、圆滑。外径不大于 12 mm 的各种电缆弯曲率半径应不小于 60 mm，外径大于 12 mm 的电缆弯曲率半径应不小于其外径的 10 倍。
- 电缆在槽道中应顺直，不得越出槽道，挡住其他进出线口。电缆在出槽道部位或拐弯处应绑扎、固定。

- 光纤(尾纤)、电缆、电源线在同一槽道中布放时,每种线缆应分开布放、各走一边,不可交叠、混放。
- 当电缆过长时,可以在机柜顶部、底部或槽道中间进行盘留,盘留后的线缆不得堆压在其他线缆上。

(4) 电缆的绑扎要求

插头附近的电缆应按布放顺序进行绑扎,防止电缆互相缠绕。电缆绑扎后应保持顺直,水平电缆的扎带绑扎位置高度应相同,垂直线缆绑扎后应能保持顺直,并与地面垂直。如图 4-21 所示。

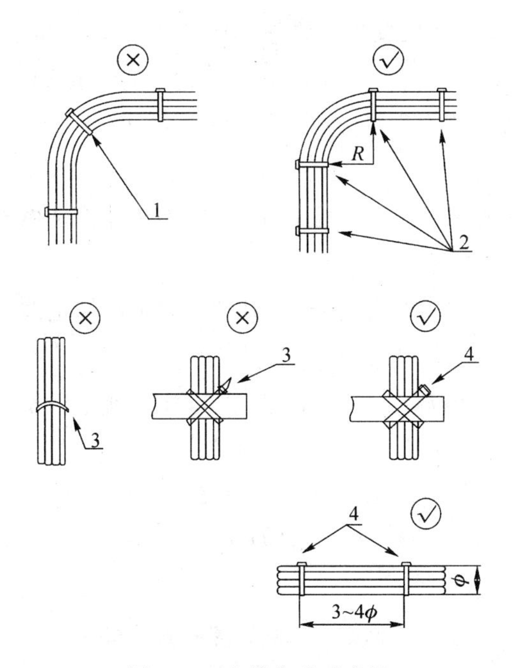

图 4-21　电缆绑扎示意图

2. 电源线、地线的连接

以下介绍外部电源线/地线的连接关系、所使用的线缆、连接端子的制作、连接步骤及布放要求。

(1) 连接关系

ZXMP S385 采用－48 V 直流供电。设备侧直接使用接线端子接入外部电源,接线端子包括－48 V 电源端子、－48 VGND 地线端子和 PGND 保护地接线端子。

根据用户机房接地网不同,分为单独接地和联合接地两种方式。

(2) 线缆说明

ZXMP S385 的电源线、地线采用 16 mm^2 阻燃多股导线。

系统采用双电源供电时,所需电源线以及连接关系如表 4-7 所示。

表 4-7　双电源供电时所需电源线缆以及连接关系

电源线缆	数量/根	连接关系
蓝色电源线	2	每根分别连接电源分配箱－48 V与机房－48 V工作电源
黑色电源线	2	每根分别连接电源分配箱－48 VGND和机房－48 V工作地
黄绿色保护地线	2	每根分别连接电源分配箱PGND和机房保护地

为保证设备运行安全，真正达到电源备份保护效果，用户应为每端ZXMP S385机柜提供双路外部电源。在用户只能提供一路外部电源且确保外部电源安全的特殊情况下，可在电源分配箱内分别将－48 V(Ⅰ)与－48 V(Ⅱ)，－48 VGND(Ⅰ)与－48 VGND(Ⅱ)并接，然后与用户外部电源对应连接，以实现ZXMP S385子架电源的备份保护。

(3) 连接步骤

① 根据施工图设计要求及建设单位意见，确定为传输设备供电的电源设备供电回路端口位置及接地排的接线位置。

② 根据施工图设计要求并结合现场实际情况，确定线缆走线路径及机柜的出线方式(上走线或下走线)。

③ 按照实际路径裁剪电源线及地线，将电源线两端标识清楚，并按走线路径进行敷设。

④ 确认已切断为设备供电的回路开关及设备侧的电源开关，电源线、地线的设备端分别连接到ZXMP S385电源分配箱中接线柱的相应端子。

(4) 布放要求

- 在电源线及地线的敷设过程中，应事先精确测量机房直流电源设备的接线端到机柜接线端子的距离，并预留足够长度的线缆。如果在敷设的过程中发现线缆长度不够，应重新更换电缆敷设，不得在线缆中间做接头。
- 如果设备采用上走线方式，电源线及地线从电源分配箱接线端子直接经由机柜顶部的电源线出线孔引出至机房水平走线架；如果设备采用下走线方式，电源线及地线从电源分配箱的接线端子引出，经过机柜侧面走线区由设备底部电源线出线孔引出，进入地板走线槽。
- 尾纤、电缆、电源线在同一槽道中布放时，电源线与尾纤、电缆应分开布放、各走一边，不可交叠、混放，尾纤应放在电缆上方。
- 如果有特殊要求使用交流电源时，交流电源线和直流电源线间至少应保持50 mm的间隔。

3. 缆线布放

ZXMP S385设备包括上走线及下走线两种方式：采用上走线方式时，线缆由设备顶部的线盖孔导出机柜，进入机房水平走线架；采用下走线方式时，线缆由设备底部线盖孔穿出机柜，进入地板走线槽。

以 2 200 mm 机柜为例，上走线方式情况下整机布线如图 4-22 所示，下走线方式情况下整机布线如图 4-23 所示。

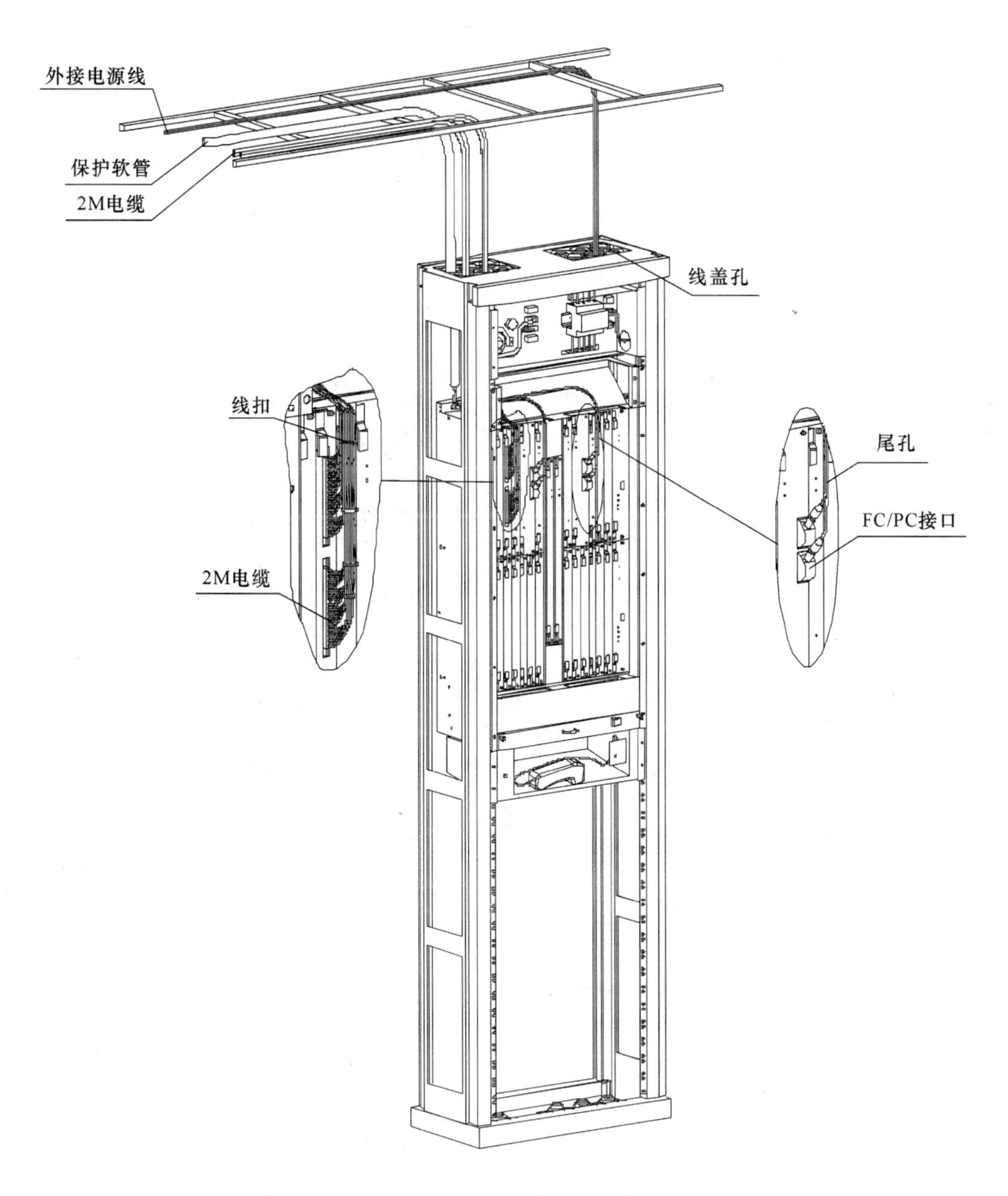

图 4-22　机柜上走线方式示意图

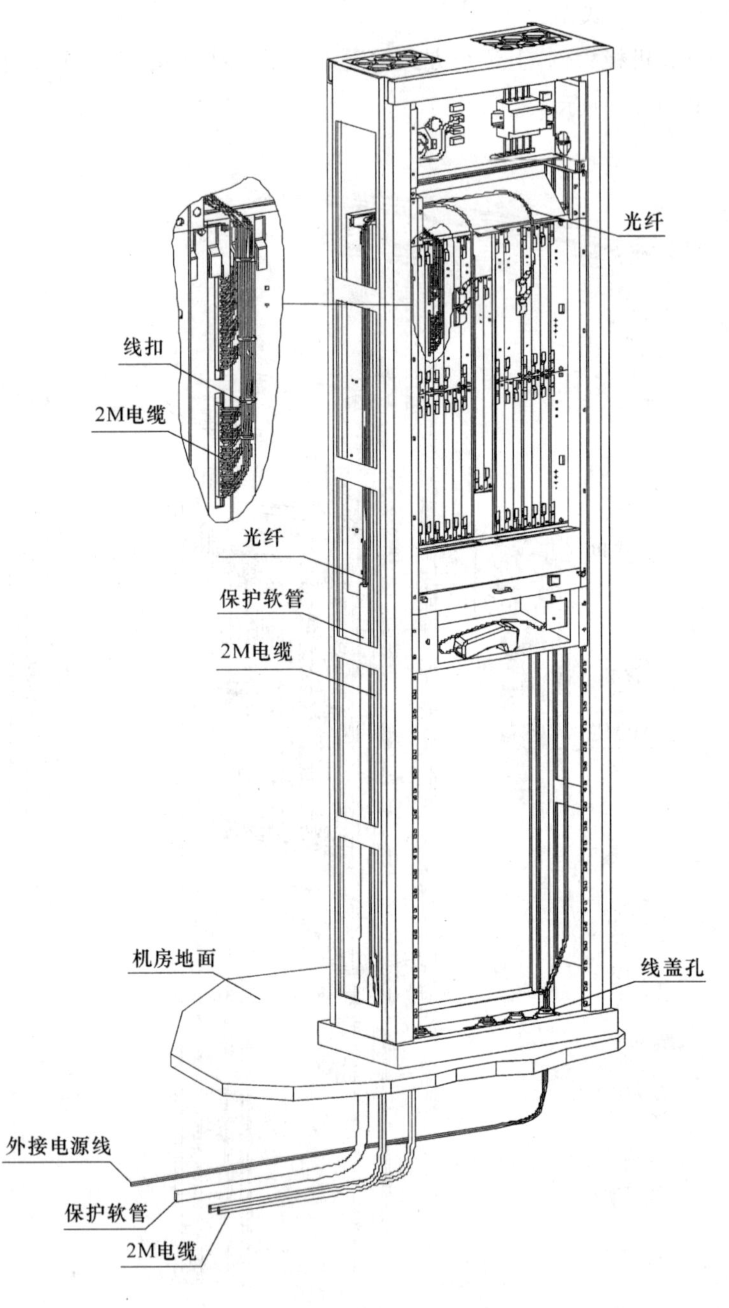

图 4-23　机柜下走线方式示意图

4.4.3　光接口连接及尾纤布放

1. 尾纤概述

尾纤是指连接设备外部光接口或者 ODF 架法兰盘的一端光纤。光纤连接器(即光纤插头)种类如图 4-24 所示。

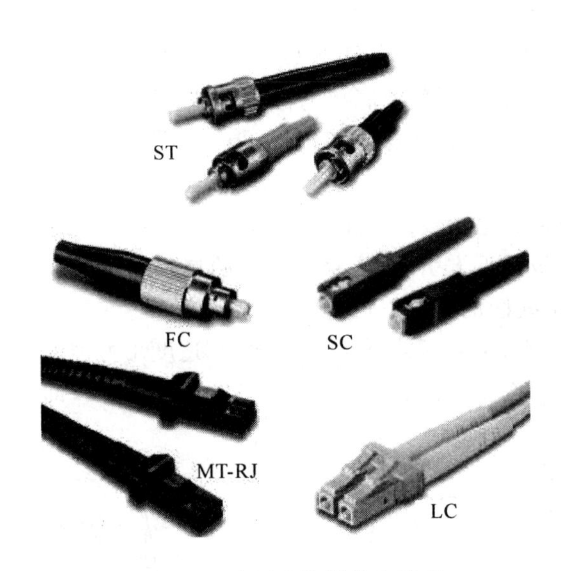

图 4-24 光纤连接器接头类型

ZXMP S385 设备的光接口位于光接口板的面板，连接器类型为 LC/PC，尾纤为前面板出纤方式。

拔 LC/PC 接头尾纤时，适度用力将接头拔出。拔出后应立即用外挂防尘帽套上接头，防止空气中的灰尘污染端面。

安装 LC/PC 接头尾纤时，首先必须将尾纤接头与光接口对准，对准后适度用力推入，避免损伤光适配器的陶瓷内管或者接头端面。将尾纤接头完全插入后，拧紧外套活动螺丝即可。

注意：不要直视光口，以免激光灼伤眼睛。

2. 布放尾纤的准备

① 布放前需检查尾纤的外观是否完好，出厂记录、品质证明等是否齐全。

② 核对尾纤等的规格、型号和长度是否和施工图设计及合同要求相符。

③ 将尾纤的设备侧连接插头按照目的单板或接口区的端子形式加工好。

④ 布放敷设前，应将尾纤的标签制作好并粘贴牢固。

⑤ 根据尾纤连接的目的单板位置对设备内尾纤的走线路径进行规划，并对可能的扩容情况一并考虑。

⑥ 尾纤布放前应穿入随设备配备的保护软管，对于光纤连接到不同的设备或同一设备的不同子架以及在同一子架内经由不同走线区敷设的情况，应将光纤分别进行穿管。保护软管的长度应根据施工图设计和现场情况确定，每根保护管内可以穿放多根尾纤，但不宜超过 8 根。穿管前应将多根尾纤用胶带进行绑缚，穿管时应注意保护尾纤头。

3. 布放尾纤步骤

如果同时需要布放尾纤和电缆，应当先布放电缆后布放尾纤。布放尾纤的步骤如下所示。

① 为了保证光纤的连接关系与设备组网情况一致，根据设备组网情况确定网络光纤连接图，图中应标明每个光连接的始终端网元光板槽位号及光接口编号。

② 照施工图中设计的路由,将尾纤由 ODF 架敷设至设备进线口。

③ 将尾纤通过设备机柜顶部或底部的橡胶线盖孔引入设备机柜,尾纤保护管应进入机柜内,其引入长度应便于接入子架或接口区,但应不小于 20 cm。

④ 尾纤沿机柜两侧走线区引入子架,顺延到目的光板或接口区进行连接。连接至子架上排光板的尾纤应通过上走线区至单板正上方引下,连接至子架下排光板的光纤应通过子架下走线区至单板正下方引入,注意布放后的尾纤不得妨碍单板的插拔。在走线区布放尾纤时,可取下走线区的挡板以便操作。

⑤ 根据标识找到相应的光板接口,再对准光口,适度用力推入,如图 4-25(a)所示,应避免损伤光接口的头部。将尾纤插入后,顺时针拧紧外套活动螺丝即可,如图 4-25(b)所示。

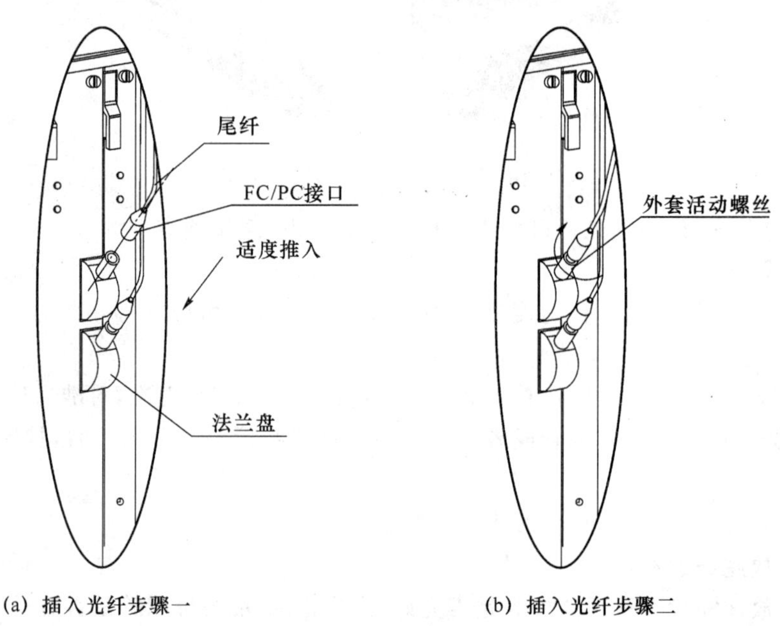

(a) 插入光纤步骤一　　(b) 插入光纤步骤二

图 4-25　插光纤示意图

⑥ 连接稳妥后,在用户设备侧顺直尾纤,直至尾纤在设备机柜内没有卷曲和堆叠。

⑦ 将尾纤用扎带固定到走线区的隔板上,在侧面走线区将尾纤保护管固定。

⑧ 将上下走线区的挡板安装回原来位置。

⑨ 将尾纤接入 ODF 架上相应的光连接法兰盘,并将尾纤的超长部分盘绕在 ODF 架内。ODF 侧的安装排列及各种标识应符合设计要求,法兰盘的安装位置应正确、牢固、方向一致。

4. 尾纤的布放要求

- 对于尾纤在走线架、槽道或架顶的裸露部分,以及尾纤进出设备机柜、走线架的拐弯处时,均应对尾纤加以固定并穿保护软管加以保护。
- 尾纤在设备和 ODF 架侧的路由走向和余留长度应符合施工图设计要求或各自的安装要求。
- 尾纤布放时,应尽量减少转弯处,绑扎应松紧适度,不得过紧。在走线架上布放时，应和其他线缆分开放，严禁将尾纤和其他线缆混放一起，不能让其他线缆压在尾纤上面，一般都应加保护塑胶套管，多余尾纤绕圈绑扎于机柜顶部或底部不易碰到的地方。尾纤极其细微，操作时要轻拿轻放，以避免拉断。

- 槽道内尾纤连接线的弯曲率半径不小于 38～40 mm，编扎后的尾纤连接线在槽道内应顺直，无明显纽绞。
- 尾纤连接应小心仔细，并注意光器件的防尘，在连接尾纤前应用酒精棉将尾纤头擦拭干净。
- 机柜顶部与底部用于走线的 10 个线盖孔，按进、出线多少用小刀将线盖割开相应大小的孔或十字，但不能拆除线盖孔。
- 尾纤、电缆、电源线、地线同槽布放时，穿放波纹管的尾纤在走线槽内单独走一边，电缆、电源线和地线走另一边，不能交叠，混放。

以上走线为例，光纤的布放示意图如图 4-26 所示。

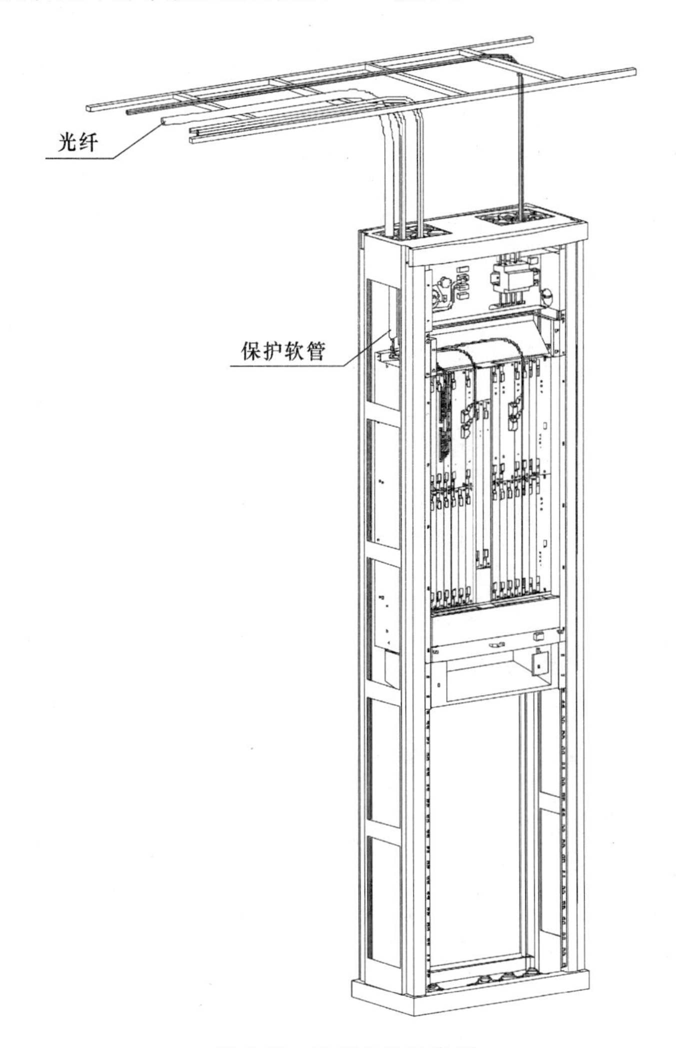

图 4-26 光纤布放示意图

习　　题

(1) 机柜安装的流程是什么?

(2) 在地面直接安装机柜的步骤是什么?

(3) 设备上电和下电的步骤是什么?

(4) 布放尾纤的要求有哪些?

第5章 设备开通调测

5.1 单站点调测

5.1.1 机柜上电测试

1. 硬件检查

- 设备机箱、风扇插箱是否安装牢固，机箱内无异物。
- 安装的单板数量和位置是否正确，单板插装到位。
- 供电回路开关、电源分配箱空气开关、风扇插箱面板开关均置于“OFF”。

2. 线缆、标识检查

- 尾纤、电缆、电源线、地线的连接是否稳固，线缆布放及连接关系是否符合要求。
- 各类标识是否齐全、正确、清晰。

3. 一次电源测试

一次电源的测试过程中如发现不符合要求的部分，应及时处理并重新测试，测试步骤如下所示。

① 确认机房为设备供电的回路开关及电源分配箱的空气开关处于断开状态。

② 用万用表测量设备电源输入端正负极无短路，核查端子标识应正确无误，地线连接正确、可靠，证实无误后接通为设备供电的回路开关。

③ 在 ZXSM-2510 设备侧用万用表测量一次电源电压，确认其极性正确，且电压值在 −57～−40 V 范围内。

④ 测量防雷保护地、系统工作地、−48 V GND 间的电压差，应小于 1 V。

⑤ 上述各项测试，如有异常应立即切断供电回路开关，查找原因排除故障。如果测试正常，继续进行风扇加电测试。

⑥ 接通 ZXSM-2510 设备电源分配箱中的空气开关，此时应可看到机柜告警门板上的绿灯长亮，表明一次电源已经接入设备，如果出现绿灯不亮等异常情况，应立即断电处理。

5.1.2 子架上电测试

子架由侧板、横梁和金属导轨等组成，可完成散热、屏蔽功能。子架可以在机柜正面固定，且不影响子架的布线，满足前维护、设备机柜靠墙安装、背靠背安装的要求。

子架结构如图 5-1 所示。子架各部分简要说明如表 5-1 所示。

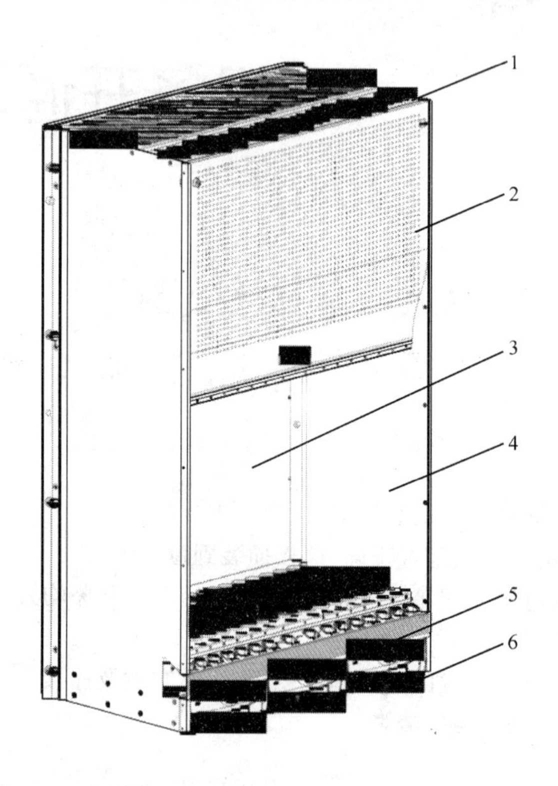

1—上线出口；2—装饰门；3—背板；4—插板区；5—下走线区；6—风扇插箱

图 5-1 子架结构示意图

表 5-1 子架各部分简要说明

名称	在子架中的位置	简要说明
装饰门	子架上层插板区	可灵活拆卸，具有装饰、通风、屏蔽的功能
背板	子架后部	设有单板连接插座，各单板通过插座和背板的各种总线连接
插板区	子架中部	插板区分为上、下两层，上层插业务/功能接口板，下层插业务/功能板。插板区上层有 15 个槽位，下层有 16 个槽位
风扇插箱	子架插板区下面	用于对设备进行强制风冷散热。风扇插箱装有 3 个独立的风扇盒，每个风扇盒单独和风扇背板(FMB)连接，维护方便
安装支耳	子架后部(左、右各一个)	用于在机柜内固定子架

将子架接口区的所有功能单板拔出到浮插状态，操作时注意应佩带防静电手环。

5.1.3 配置与调测

1. 网管连接测试

完成下载操作后，应对网管连接进行测试。

(1) 网管终端与设备连接是否正常

在网管软件客户端操作窗口中，选择当前网元后，执行维护菜单中的“时间管理”选项，或者在客户端操作窗口的导航树或拓扑图中右击。在弹出的网元右键菜单中选择“时间管理”选项，在弹出的时间管理对话框中查看网元的 NCP 时间。如果时间管理对话框中显示当前网元的 NCP 时间，说明网管终端与设备连接正常；如果时间管理对话框中的 NCP 时间显示为 0，说明网管与设备间未连接。

(2) 下发命令与接收数据是否正常

在网管软件网元安装窗口中，观察本端网元及各单板状态是否与实际设备运行情况一致，不应有板类型失配告警及其他非正常告警。利用网管软件对网元设备下发操作命令，证实网元设备可根据命令执行相应操作，如执行单板复位、设定告警屏蔽、查看告警列表等。

如果网管连接异常，应检查网元 IP 地址设定、网管主机 IP 地址、IP 路由配置等是否正确，下载到网元 NCP 板中的数据与网管服务器主机设置是否一致。当网管中网元状态与实际设备不一致时，应核对网管中配置的单板槽位、版本等与实际设备配置情况是否一致。

2. 端口测试

在本点接上网管，在业务配置中从光板向 2M 板每个端口配置时隙，然后在 DDF 架上对每个 2M 进行自环，在网管上查看相应 2M 端口的告警，看 2M 电信号丢失是否消失。若消失，说明 2M 头做的没问题，然后检验 DDF 架上标签与实际 2M 板端口是否一致。若不消失，则要检查 2M 线有没有鸳鸯，或者 2M 头的焊接有没有虚焊。

3. 光功率测试

① 平均发送光功率

平均发送光功率测试连接图如图 5-2 所示。

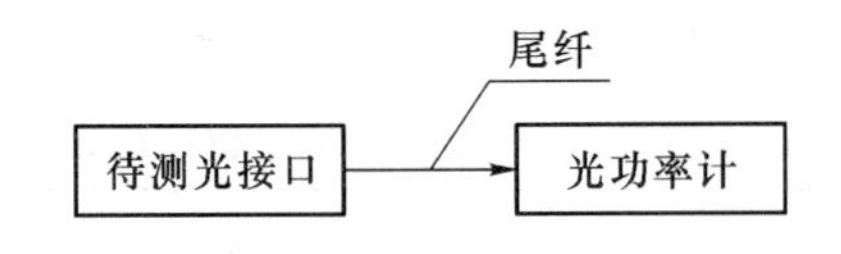

图 5-2 平均发送光功率测试

a. 测试方法

测试时，将光功率计的接收光波长设置为与被测光板的发送光波长相同。将尾纤的一端连接到所要测试光板的发光口，将尾纤的另一端连接到光功率计的测试输入口，待光功率稳定后，读出光功率值，即为该光接口的发送光功率。针对光接口板使用单模和多模光接口的情况，应相应使用不同的尾纤测试。

b. 通过准则

各光口的平均光发送功率应符合表 5-2 中的指标要求。

表 5-2 ZXMP S385 设备各种光接口平均发送光功率要求/dBm

	STM-1	STM-4	STM-16
长距离指标	−5～0	−3～+2	L-16.2：−2～+3
短距离指标	−8～−15	−8～−15	−5～0

如果测试结果不符合指标要求，应检查尾纤与光接口连接是否良好、尾纤接头是否清洁。可以使用无尘纸蘸无水酒精擦拭尾纤接头或更换尾纤重新测试，结果仍不满足要求的应更换光板，直至测试合格为止。

② 平均接收光功率

平均接收光功率测试连接图如图 5-3 所示。

线路上来的光信号 → 光功率计

图 5-3 平均接收光功率测试

a. 测试方法

测试时，将光功率计的接收光波长设置为与对端设备光接口的发送光波长相同。将线路光信号用尾纤连接到光功率计，待光功率稳定后，读出光功率值，去除尾纤衰减，即为该光接口的接收光功率。对于对端设备光板使用单模和多模光接口的情况，应根据情况使用不同的尾纤测试。

b. 通过准则

平均接收光功率应大于相应型号光板的光接收灵敏度，但小于相应型号光板的过载光功率。ZXMP S385 设备各种光接口光接收灵敏度和过载光功率如表 5-3 和表 5-4所示。

表 5-3 ZXMP S385 设备各种光板光接收灵敏度

项目	STM-1 S-1.X	STM-1 L-1.X	STM-4	STM-16 I-16	STM-16 L-16.1	STM-16 L-16.2
最差灵敏度	−28	−34	−28	−18	−27	−28

表 5-4 ZXMP S385 设备各种光板过载光功率

项目	STM-1 S-1.X	STM-1 L-1.X	STM-4	STM-16 I-16	STM-16 L-16.1	STM-16 L-16.2
最小过载点	−8	−10	−8	−3	−9	−9

如果测得的接收光功率过低，应检查尾纤与光接口连接是否良好、尾纤接头是否清洁。可以使用无尘纸蘸无水酒精擦拭尾纤接头或更换尾纤重新测试，结果仍不满足要求的应检查对端光接口发光功率以及线路光缆衰减是否正常。如果测得的接收光功率过强，应当选用适当规格的光衰减器进行调整，直至测试结果满足要求。

4. 单板性能检测

查询本站点所有端口，包括 STM-*N* 光口，ET1，FE，GE 等端口的性能状态。

① 查看步骤

- 在网管上，首先清空所有单板的 15 min 性能值。
- 查询每块光口的当前 15 min 性能值。
- 查询每块业务单板的当前性能，注意配上时隙的端口性能是否正常。

② 通过准则

每块业务单板都无 B1，B2，B3，V5，CV，指针调整等性能值。

5.2 系统调测

5.2.1 组网测试

1. 连通光路

各站加电自环检测后，选取光收方向尾纤测试本站接收光功率，如果测不到光或光功率太低，应对尾纤、光缆衰耗进行测试，查找问题原因并予以解决。如果测到收光功率过强，应根据实际情况选择光衰减器接入光路。收光功率正常后，根据网管中的光连接设置，检查各网元设备的光接口间连接关系是否和网管上配置连接一致，如不一致应立即更正。确认无误后，连通所有光通路。

2. 网管监控测试

光路连通后，应对网管全网监控进行测试。

① 网管终端与设备连接是否正常

在网管软件客户端操作窗口中，依次选择拓扑图中的所有网元，执行维护菜单中的"时间管理"选项，或者在客户端操作窗口的导航树或拓扑图中右击。在弹出的网元右键菜单中选择"时间管理"选项，在弹出的时间管理对话框中查看网元的 NCP 时间。如果时间管理对话框中显示当前网元的 NCP 时间，说明网管终端与设备连接正常；如果时间管理对话框中的 NCP 时间显示为 0，说明网管与设备间未连接。

② 下发命令与接收数据是否正常

在网管软件网元安装窗口中，观察所有网元及各单板状态是否与实际设备运行情况一致，不应有板类型失配告警及其他非正常告警。利用网管软件对网元设备下发操作命令，证实网元设备可根据命令执行相应操作，如执行单板复位、设定告警屏蔽、查看告警列表等。

如果网管监控异常，应检查网元 IP 地址设定、网管主机 IP 地址、IP 路由设置等是否正确，下载到网元 NCP 板中的数据与网管服务器主机设置是否一致。

3. 公务功能测试

系统光路连通后，应首先通过点呼(选址呼叫)操作检查公务电话功能是否正常，正常的公务功能即标志着整个网络光路的传输基本正常，同时也便于进行系统调试时各局站间进行联络。

测试时应当对除本端网元设备以外的所有站点进行呼叫、通话测试。

① 测试方法

将公务号码设定为P1P2P3，其中Pn=0～9(n=0～3)，每站公务号码均由网管进行配置。摘机后，如听到拨号音，则可以拨所设3位号码，进行呼叫。若摘机听到忙音表示目前无空闲信道。拨对方点呼号码呼叫对方站。若拨号错或摘机30 s仍未拨号，则将听到忙音提示挂机。拨号后听到回铃音表示呼叫成功，对方摘机即可通话。若对方站正与其他站通话，或振铃30 s对方仍未摘机，则将听到忙音提示挂机。点呼只能在对方站空闲的时候才能建立通话连接。对方站挂机后将听到忙音。

② 通过准则

- 被叫网元设备应振铃，接听后建立通话，音质应清晰无杂音。
- 如果发生公务不通等异常情况，应检查公务号码、公务控制点等公务相关设置是否正确，并确认配置数据已正确下发到网元NCP板中。

4. 业务性能测试

(1) 15 min性能监测

15 min性能监测连接图如图5-4所示，对于电支路业务，也可使用相应速率等级的误码仪代替SDH测试仪进行测试。如果没有SDH测试仪，则可通过网管上的性能管理，检查各个业务单板的15 min性能值来进行监测。

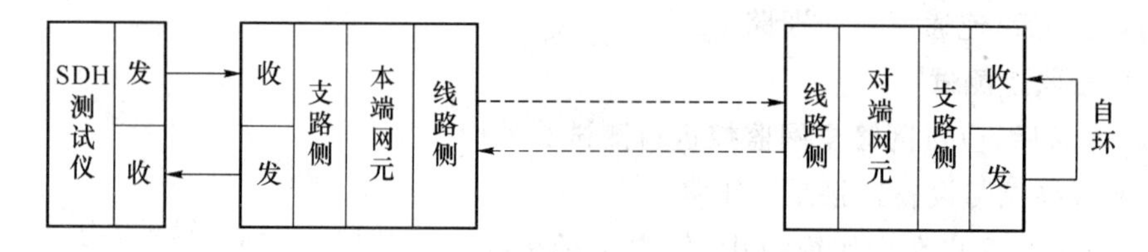

图5-4 15 min性能监测连接图

① 测试方法

每端网元设备可以选取一个业务支路进行测试，也可以根据具体情况将多个业务支路串接后进行测试。测试时本端网元设备支路接入SDH测试仪(误码仪)，将对端网元设备的相应支路进行自环。按被测支路等级，SDH测试仪(误码仪)选择适当的PRBS，从被测系统输入口发送测试信号，对于支路串接的情况，在开始测试前应拔插串接线并观察仪表是否有反应，以免出现假通。测试时间为15 min。

② 通过准则

SDH测试仪(误码仪)在测试时间内应无误码。网管软件中检查指针调整性能值，15 min内指针调整值应正负均匀，数值范围应在100以内。对于移动局业务，TU12不允许有指针调整。

如果测试时间内出现误码，应检查光接口参数及相关单板是否正常。如果测试时间内出现频繁的指针调整，应检查定时源设置是否正确，确保全网网元使用同一个时钟基准同步工作。

(2) 24 h误码测试

在网元通过15 min性能监测后，可以直接进行24 h误码测试。

24 h 误码测试的连接图、测试方法与 15 min 性能监测相同，测试时间为 24 h，通过准则是 SDH 测试仪(误码仪)24 h 无误码。

该项目测试时间较长，测试期间受外界不确定因素干扰影响测试结果的概率较大，如果测试结果不满足要求时，可以查找原因调整设备后重新测试。

(3) 保护倒换测试

保护倒换是指当工作通道传输中断或性能劣化到一定程度后，系统倒换设备将工作信号自动转至备用通道传输，从而使接收端仍能接收到正常的信号而感觉不到网络出了故障。

① 测试方法

进行保护倒换测试时，利用 SDH 测试仪等模拟产生倒换条件，或者通过拔纤、网管中在光路中插 AIS 等，使网络中检测到信号丢失(LoF)及告警指示信号。

② 通过准则

当 SDH 测试仪发出信号丢失或告警指示信号时，系统自动完成工作通道向保护通道的倒换，完成倒换后的业务性能应满足以上所述的 15 min 性能要求。

(4) E1 板的 1∶N 倒换测试

E1 板的支路保护时的槽位配置原则：EPE1 保护板的槽位原则上不固定，10 个槽位均可插，可以完成 1∶N($N\leqslant 9$)的单板级别保护，桥接板插在与保护板相对应的上方出线区对应槽位内；如果 2M 业务单板没有插满子架的槽位，建议 E1 的保护板 EPE1 不插在 1 号或 16 号槽位，这样可以给以后扩展 E3/T3/STM-1E/FE 业务时预留保护板的位置。

① 测试方法

首先设置单板保护组，打开方法：网管“设备管理”→“SDH 管理”→“单板保护”。EPE1Z 只能设置一个保护组，保护组最大可设 1∶9。单击“新建”按钮新建一个保护组，等待恢复时间是指主用板运行起来以后倒换恢复的时间。然后通过网管设置单板强制倒换。

② 通过准则

倒换发生时业务不中断，完成倒换后的业务性能应满足以上所述的 15 min 性能要求。

5.2.2 全网的性能、告警监测

系统加电后，利用网管对全网进行长时间的性能告警监测。注重监测时钟性能(指针调整)和误码性能。

全网告警监测的重要性是不言而喻的，应该养成随时查看告警的习惯。任何不明原因的告警最终都必须排除，不允许设备带着任何异常告警投入运行。

全网的性能监测和告警监测具有同等的重要性。在调测期间，必须每天定期地观察性能数据，对出现的误码、指针调整以及其他性能数据必须仔细进行分析，排除隐患，直至长时间观察性能数据完全正常(0 误码且 24 h 指针调整小于 6 个)。

5.2.3 时钟跟踪性能观察

对于时钟源配置不是“内部时钟源”的网元，从网管中观察其时钟跟踪是否正常。观察的方法为：选中网管的配置菜单，进入“时钟配置”对话框，在正常情况下（即没有发生断纤或外部时钟源丢失等情况）：

- 其“时钟源工作模式”一项应为“跟踪”而不是“保持”或“自由振荡”；
- “同步源”一项应为配置的时钟同步源，而没有倒换到低级别的时钟源。

同时观察性能数据中的指针调整数据，24 h 的指针调整数应小于 6。

5.2.4 其他保护功能测试

1. 支路倒换板的 TPS 功能测试

测试结果需满足以下条件，才可认为正常：

- 能实现正常的倒换；
- 倒换时间符合要求；
- 不与其他的通道保护、复用段保护冲突。

2. 主备板倒换测试

在单站调测阶段，应该已进行主备板倒换测试。在系统调测阶段，建议再进行时钟板、交叉板的主备用倒换测试，确保倒换成功。

5.2.5 网管功能测试

对照中兴公司的《验收手册》中的网管测试项目，对网管功能进行逐一测试。

5.3 数据配置

5.3.1 网络数据设定

一般情况下，在随设备提供的网管软件安装盘中都包含有根据合同配置的网络数据，只需利用网管软件中的恢复功能将系统配置数据进行恢复即可。如果由于工程配置变更或进行设备测试需要重新配置数据时，则需要对网管数据进行重新配置。关于网管软件具体操作的说明参见《Unitrans ZXONM E300 SDH 产品 UNIX/Windows 平台网管操作手册》。

创建网元包括输入网元名称、网元标识、网元地址、系统类型、设备类型、网元类型、速率等级等信息。

网元名称：网元名称必须保证其唯一性，要求输入不超过 38 个字母或 19 个汉字，此项必须输入。

网元标识：网元 ID，要求输入 1～9 999 之间的任何数字，此项必须输入，网元标识应当同实际网元的网元标识相同，不同网元的网元标识不能重复。

网元地址：网元 IP 地址，用于网元间的通信，必须输入合法的网元 IP 地址和子网掩码，网元的 IP 地址应当同实际网元的 IP 地址相同，不同网元的网元地址不能重复，这里要注意网元 IP 地址的规划。

系统类型、设备类型、网元类型、速率等级：根据实际的设备及组网要求进行选择。ZXSM-2510 设备的系统类型为 ZXSM-2510；设备类型为 ZXMP S385，网元类型可选 TM，ADM，REG 或 ADM®；速率等级为 STM-1，STM-4，STM-16，STM-64 可选。

在线/离线：确定配置网元是否与真实设备连接，包括在线和离线两种状态。在线表示网元配置命令实时下发 NCP 板；离线表示网元配置命令仅存储于数据库中，暂时不下发至 NCP 板。如果当前网管创建的网元暂时未在实际管理网络范围内，建议将该网元创建为离线状态。

自动建链：网元创建后，Manager 与 Agent 通信中断后的处理方法，包括自动建链与不自动建链。自动建链表示断链后，Manager 自动与 Agent 连接；不自动建链表示 Manager 不去管理该 Agent。系统默认为自动建链。

配置子架：完成子架配置，包括以下各项内容。

- 子架逻辑 ID：子架在应用程序中的 ID 信息，此项必须配置。
- 子架槽位信息：子架类型，包括主子架和扩展子架。系统默认为主子架。
- 子架物理 ID：子架对应 S 口的端口号。
- S 口：子架对于 S 口的信息。
- 机架 ID：子架所在物理机柜的 ID 号。

描述信息：对网元的其他描述信息，长度不超过 254 个字母或 127 个汉字。此项可以不输入。

网元功能：具体包括以下内容。

- 定时采集历史性能：用于选择网元是否定时采集历史性能数值。系统默认为选中状态。
- 自动定时校时：用于选择网元是否能够定时校对 NCP 时间。系统默认为选中状态。
- 通过 Agent 同步：用于网管组网为主副网管的情况。其原理为当 Agent 收到某个 Manager 的操作并对数据进行修改后，实时地向其他 Manager 广播配置数据发出改变通知，其他 Manager 接收到数据后自动上载数据库，以保持数据一致。此同步方法实现方式较复杂，适合多网管情况。系统默认为不选中状态。

5.3.2 网元数据设定

1. 单板配置

在 ZXSM-2510 设备的单板配置应根据实际的组网要求和设备配置情况进行。在网元安装窗口中，单击板工具条中的某个板按钮，则当前安装的单板为该板，网元子架上可以安装该类型的单板的空闲槽位为亮黄色。单击某个亮黄色槽位，在该槽位上将安装一块当前选择的单板。

注意:ZXSM-2510 设备的风扇控制板不需要在网管中进行配置,网管上的 51～53 槽位是风扇板槽位。

单板配置后,要在单板属性窗口中查看其软、硬件版本应与实际设备单板一致,不一致的应按实际设备单板的软、硬件版本更改。

安装光线路板、公务板、交叉板、透传以太网板、智能以太网板后,应检查并设置其高级属性,使网管配置与实际配置一致,各单板的高级属性中的设置项目如下。

(1) 光线路板

工作模式:以光线路板的端口号或 AUG 号为单位设置映射方式,包括 STM 和 STS。STM 对应 AU4 映射结构,STS 对应 AU3 映射结构(1.0 版本暂不支持 AU3 映射方式)。

级联方式:增加、删除和查询光板的级联配置,适用于 STM-4 速率等级以上的光线路板。目前,光线路板仅支持 AU4/AU3 实级联方式,即连续级联方式。

板配置参数:完成光模块参数的配置,包括光模块类型、色散容限、收发 FEC 以及波长调整的配置。

光接口参数:调整波长,公务通/断设置,设置公务方向强制,设定输出光功率,设定公务保护字节,设定输入/输出 FEC 特性,设置开销透明传输,设置扩展 DCC。

所有的光板都可以与 10 G 系统的时分板互换使用,不过需要更换面板。

(2) 公务板

串口:设定公务板提供的串口类型,可以选择 RS422 或 RS232。

音频口:设定公务板提供的音频口,可以选择公务接口、2 线音频口、4 线音频口、TRK 口和 Z 口。第三口为 TRK 口。

IP 口和 F1 口:不需要选择。

(3) 交叉板

交叉模块:交叉板类型可以选择 CSA,CSB,CSC 和 CSD,目前 1.0 版本只可选 CSA。

时钟模块:目前 CSA 的时钟和交叉都在同一块板上,属性默认使用。

时分模块:最多可配置 4 个时分交叉模块,每个时分交叉模块的交叉容量可在 16×16 VC4,32×32 VC4,64×64 VC4,128×128 VC4 中选择。

时分板可与 10 G 系统的时分板互换使用。

(4) 透传以太网板

通道组配置:用于为以太网数据通过 SDH 传输捆绑 AU3 单元。

端口容量配置:为以太网板的系统端口指定通道组,限定系统端口的传输速率。

数据端口属性配置:设定以太网端口的属性,包括封装协议类型、双工模式、速率、VLAN、QoS、流控等设置。

(5) 智能以太网板

通道组配置:设置通道组信息,包括级联速率(VC3,VC3-2C,VC3-3C)和起始时隙号。

端口容量配置:为以太网板的系统端口指定通道组,限定系统端口的传输速率。

数据端口属性:设定以太网端口的属性,包括封装协议类型、双工模式、速率、VLAN、

QoS、自学习 Mac 地址、流控等设置。

端口静态 Mac 地址配置：设置系统的 Mac 地址表，设置 Mac 地址与端口的对应关系，当未启用“自学习 Mac 地址”功能时使用。

单板静态 Mac 地址配置：设置单板静态 Mac 地址，即单板 CPU 的 Mac 地址。

2. 建立连接

ZXSM-2510 设备的连接配置应根据实际的组网要求和设备配置情况进行。ZXSM-2510 可以进行连接配置的单板有 OL1，OL4，OL16，LP1，建立的连接类型包括单向连接和双向连接。单向连接一般用于在中继光接口间建立连接，建立单向连接时应注意区分源方向和目的方向。

3. 配置复用段保护

对于需要复用段保护的网络，要在进行业务配置前进行复用段保护配置。ZXSM-2510 设备支持的复用段保护类型包括：链路复用段 1+1 保护、二纤双向复用段保护。ZXMP S385 设备的四纤双向复用段保护环将在后期 V2.10 版本中提供。

在 ZXONM E300 中，复用段保护配置分为四个步骤：复用段保护组配置→APS-ID 配置→复用段保护关系配置→复用段保护属性配置。

(1) 复用段保护组配置

通过复用段保护组配置建立复用段保护组，并把要组成复用段保护的网元加入到相应的保护组中，复用段保护的网元可以是 ADM、TM、逻辑 REG。

对于复用段保护环，还要根据网元间的连接关系调整网元的顺序，使保护组中的网元成环。如果复用段保护组中已经有网元配置了复用段保护关系，则不允许调整保护环顺序，而需要先删除此网元的复用段保护关系再调整保护环顺序。

(2) APS-ID 配置

APS-ID 配置仅当复用段保护类型为环型保护时有效，用于配置保护组内各个网元的 APS-ID。一般情况下，在环形复用段保护组建立后，系统会自动计算每个网元的 APS-ID 和东向、西向 APS-ID。可以使用系统的自动配置，也可以手工修改 APS-ID。

(3) 复用段保护关系配置

复用段保护关系配置用于配置工作单元和保护单元之间的复用段保护关系。目前 ZXSM-2510 设备的复用段保护关系支持普通方式和逻辑子网方式。普通方式可以指定到光口级单元间的保护关系，逻辑子网方式可以指定 AUG 级单元的保护关系，其中逻辑子网方式可以实现为一个光口配置多个复用段保护关系。

(4) 复用段保护属性配置

复用段保护属性配置是对复用段保护一些高级属性进行配置，包括等待恢复时间、告警消失确认时间、返回方式、支持长距离倒换、信号劣化保护、阻错使能等，具体说明如下。

APS 倒换恢复时间：保护倒换恢复时间的设置，单位为分钟，设置范围为 1～12 min，系统默认 8 min。

告警消失确认时间：复用段告警消失的延时时间，单位为秒，设置范围为 0～10 s，系统默认为 2 s。

信号劣化保护：当通路中出现信号劣化时，设置是否需要进行保护倒换。系统默认支持信号劣化保护。

阻错使能：该功能仅对环路保护有效，用于防止倒换状态下的通道错连。系统默认支持阻错使能。

长距倒换方式：包括正常和超长距离两个选项。对于链路网络或传输距离小于1 200 km的环路网络，长距倒换方式选择“正常”；对于传输距离大于等于 1 200 km 的环路网络可选择“超长距离”。

返回方式：用于设置复用段保护倒换是否返回。只有四纤链路 1+1 复用段保护允许设置为不返回方式，其他复用段保护均只能设置为返回方式。

注意：同一复用段保护组内网元的复用段保护属性必须相同。

4. 配置业务

业务配置用于配置网元间的上下业务、业务调度以及业务保护。用户通过对时隙和子网保护(通道保护)的配置实现整个网元层的业务管理。配置业务时应注意以下事项。

- REG 类型网元不能进行业务配置，TM 类型网元不能配置 TU 级交叉。
- 保护配置应在工作时隙配置后，手动选择时隙或通道作为保护。配置时，发送端可以广播，但是接收端只可以接收一路信号作为保护信号。
- 对支路板配置通道保护时，不能选择 VC 级信号作为保护。

5. 配置时钟源

配置时钟源主要完成对网络的同步工作模式、网元定时源的优先级设置。进行ZXSM-2510设备时钟源配置时一般包括定时源配置、SSM 字节配置、兼容性配置、外时钟导出配置、外时钟 SA 配置等，应根据组网要求进行配置。

定时源配置：定时源配置用于为各网元配置定时源，包括时钟类型、优先级、单板、端口、成帧等信息。ZXSM-2510 设备可用的时钟源类型包括外时钟、线路抽时钟、内时钟、时钟保持模式。一般情况下，网关网元配置内时钟或外时钟，子网中其他网元配置抽时钟。配置抽线路时钟注意避免时钟互抽。

SSM 字节配置：当网元启用 SSM 字节时需要配置 SSM 字节，用于完成 SSM 字节的属性配置，具体包括 SSM 字节的使用方式、时钟 ID、保护方式、节点网元等设置。当ZXSM-2510设备与其他设备对接时，SSM 字节使用方式应设为“ITU 标准”。

兼容性配置：当 ZXSM-2510 设备与其他设备对接时，需要配置光接口的时钟兼容性。

外时钟导出配置：用于配置网元设备输出的外时钟属性，包括导出端口、时钟源等级下线、导出规则、时钟源和优先级等。

外时钟 SA 配置：SA 字节是 PDH 的 SSM 状态字节，外时钟 SA 用于配置外时钟 SA 的收发字节位置，即外时钟 S1 字节的位置。仅当外时钟支持成帧模式时需配置。

6. 配置公务

公务配置主要完成公务号码、群呼、强插、公务保护的设置。

公务号码：必须为 3 位，号码为 100～999，可以通过手动和自动两种方法进行配置。

手动配置时注意网元的公务号码不可重复，自动设置的公务号码一般是100＋网元标识，如果与已有的公务号码冲突，系统自动选择另外一个号码。

强插密码：由用户输入，必须为3位，号码为100～999。对于同一网元，强插密码与群呼号码不能重复，强插密码建议设为999。

群呼：允许群呼或禁止群呼，默认为允许群呼。

群呼密码：由用户输入，必须为3位，号码为100～999。对于同一网元，强插密码与群呼号码不能重复，群呼密码建议设为888。

配置公务保护：当网络中包括环网拓扑时应当设定控制点网元并设置控制点顺序，以防止公务成环。设置控制点网元时需注意以下几点。

- 分析组网图中的每一个环路，通过设置控制点网元应能将所有环路打断，一个环网只能有一个控制点网元，对于多个环结构的复杂子网一般将位于网络相切点或相交点的网元设为控制点网元。
- 尽量选取光方向少的网元作为控制点网元，并减少控制点网元的数量。一个子网中设置的控制点网元应少于15个，并且控制点顺序号不能重复。

5.3.3 网管安装

1. 安装步骤

① 安装前根据施工图设计及用户要求来确定网管计算机的安放位置，一般选择放在维护桌面上。

② 清理网管计算机安放位置的台面，使台面清洁无杂物。

③ 打开网管计算机包装箱，将网管计算机的各个部件摆放到维护台面上，根据计算机的使用说明完成计算机外设线缆、电源线的连接。

④ 连接完毕后，将主机、显示器摆放到预定位置，要求计算机安放平稳、连接线缆整齐、外设连接正确无误。

⑤ 网管计算机安装完毕后，应将计算机包装箱内附带的资料、软件妥善保管，以备日后使用。

2. 网管计算机的连接方式

网管计算机内安装ZXONM E300网管系统。计算机侧接口为网卡上的RJ45接口。ZXMP S385侧的接口为QxI板上的Qx接口。

网管计算机与设备的连接有局域网连接和广域网连接两种方式。局域网连接方式用于对本地子网的管理；广域网连接方式是通过数据通信网（DCN）来传递网管信息，可以实现对异地子网的远程网络管理。

数据通信网可以是数据网DDN、PSTN网络或者由SDH、PDH设备提供的2M通道。

（1）局域网连接方式

局域网连接方式又可分为直联方式和局域网方式。

① 直联方式

直联方式采用交叉网线将网管系统与设备的 Qx 接口直接相连，实现对本地子网的管理。采用直联方式时，网管系统只能连接一个网关网元。

② 局域网方式

局域网方式通过构建一个局域网来实现网管系统与多个网关网元的连接，可以管理多个 SDH 子网。

（2）广域网连接方式

采用广域网连接方式可以实现远程网络管理，常用的连接方式有 DDN 专线方式和 2M 专线方式。

① DDN 专线方式

利用 DDN 专线，通过路由器和 DDN 专线 MODEM 接入 DDN 专线，DDN 专线 MODEM 通过 V.35 标准接口与路由器的串口连接。

② 2M 专线方式

2M 专线方式是利用 SDH/PDH 上的 2M 时隙传送管理信息，路由器通过 2M 数字基带 MODEM 接入 2M 通道。

5.3.4 网管配置

1. 启动网管软件

启动 ZXONM E300 的服务器端和客户端软件，并成功登录客户端，运行 ZXONM E300 网管软件。如果 ZXONM E300 已启动服务器，则完成客户端的启动和登录。ZXONM E300 客户端默认的登录名为 root，密码为空。

2. 配置网管

- NCP 板号必须大于 9，小于 100，建议统一采用 18。
- 网管的主机号为 1～9，建议统一从 1 开始。

这样做是为了防止同一网元中某一单板和网管主机地址重复的问题。

5.3.5 网管数据备份与恢复

1. 数据库备份

ZXMP S385 通过网管客户端操作窗口完成的数据库备份功能，保存网管中的所有数据，并将备份后的数据保存在 Manager 侧。

用户可将数据保存在默认目录或自定义目录下。网管数据的默认备份目录位于“网管安装目录/db/backup/config”文件夹中。

假设将网管数据保存在 D 盘根目录下，备份数据文件夹名称“E300data”，则数据库备份步骤如下所示。

① 在客户端操作窗口中，单击“系统→系统数据管理→数据库备份/恢复”菜单项，默认进入数据库备份/恢复对话框数据库备份/恢复页面。

② 在“备份/恢复”中，选择“备份”。

③ 在“备份名称”输入框中，输入“E300data”。

④ 单击“设置备份/恢复文件的路径目录”前的选择框，使选择框内有符号“√”。

⑤ 单击“设置备份/恢复文件的路径目录”输入框后的[...]按钮，在弹出的对话框中选择“D:/”，单击“应用”按钮，返回数据库备份/恢复对话框。

⑥ 单击“备份数据库”按钮。

结果验证：在D盘根目录下，存在名为E300data的文件夹。

2. 数据库恢复

ZXONM E300网管的恢复操作为全量式恢复，即恢复数据将覆盖原有数据。

以上述内容中备份的E300data为例，恢复该数据的操作如下所述。

① 在客户端操作窗口中，单击“系统→系统数据管理→数据库备份/恢复”菜单项，默认进入数据库备份/恢复对话框数据库备份/恢复页面。

② 在“备份/恢复”中，选择“恢复”。

③ 单击“设置备份/恢复文件路径目录”前的选择框，使选择框内有符号“√”。

④ 单击“设置备份/恢复文件的路径目录”输入框后的[...]按钮，在弹出的对话框中选择“D:/”，单击“应用”按钮，返回数据库备份/恢复对话框，“设置备份/恢复文件路径目录”的输入框中显示“D:/”。

习 题

(1) SDH设备单站点调测包括哪些?

(2) SDH系统调测包括哪些?

(3) 网管功能测试主要有哪些?

(4) 数据配置包括哪些?

(5) ZXONM E300网管安装的主要步骤是什么?

第6章 设备维护操作

6.1 设备维护

6.1.1 维护操作注意事项

对 ZXMP S385 进行维护操作，除了应了解对一般通信设备进行维护的基本事项外，还应了解对于传输设备维护的特殊的注意事项，以保证人员和设备的安全。

1. 设备维护的注意事项

(1) 总体要求

① 上电共分为 3 步。首先确认设备的硬件安装和线缆布放完全正确，设备的输入电源符合要求，设备内无短路现象，风扇插箱安装正确。接着，接通机房对设备的供电回路开关。最后，将电源分配箱空气开关置于"ON"，设备上电，观察机柜顶部的绿色指示灯应点亮，风扇应正常运转。

② 下电共分为 2 步。首先，将电源分配箱空气开关置于"OFF"，设备下电。接着，关闭机房对设备的供电回路开关，切断设备输入电源。

③ 严禁带电安装、拆除电源线。带电连接电源线时会产生电火花或电弧，可导致火灾或眼睛受伤。在进行电源线的安装、拆除操作之前，必须关掉电源开关。

④ 设备投入运行后，严禁无故拔出设备风扇，并应根据机房环境条件定期清洗风扇防尘网，以保证设备散热良好。

⑤ 在完成对设备的维护操作后，应关上机柜前门，保证设备始终具有良好的防电磁干扰性能。

(2) 单板维护的注意事项

- 在设备维护中做好防静电措施，避免损坏设备。由于人体会产生静电并较长时间地在人体上保存，所以为防止人体静电损坏敏感元器件，在接触设备时必须佩带防静电手环，并将防静电手环的另一端良好接地。单板在不使用时要保存在防静电袋内。
- 注意单板的防潮处理。备用单板的存放必须注意环境温、湿度的影响。保存单板的防静电保护袋中一般应放置干燥剂，以保持袋内的干燥。当单板从一个温度较低、较干燥的地方拿到温度较高、较潮湿的地方时，至少 30 min 以后才能拆封。否则，会导致水汽凝聚在单板表面，损坏器件。

- 插拔单板时要小心操作。设备背板上对应每个单板板位有很多插针，如果操作中不慎将插针弄歪、弄倒，可能会影响整个系统的正常运行，严重时会引起短路，造成设备瘫痪。

(3) 光线路板维护的注意事项

- 光线路板上未用的光口一定要用防尘帽盖住。这样既可以预防维护人员无意中直视光口损伤眼睛，又能起到对光口防尘的作用，避免灰尘进入光口后，影响发光口的输出光功率和收光口的接收灵敏度。
- 日常维护工作中，如果拔出尾纤，必须立即为该尾纤接头佩戴防尘帽。
- 严禁直视光线路板上的光口，以防激光灼伤眼睛。
- 清洗尾纤插头时，应使用无尘纸蘸无水酒精小心清洗，不能使用普通的工业酒精、医用酒精或水。
- 更换光线路板时，注意应先拔掉光线路板上的尾纤，再拔光线路板，禁止带纤插拔单板。

2. 网管维护的注意事项

- 在系统正常工作时不应退出网管，虽然退出网管不会中断业务，但会失去对设备的监控能力，破坏对设备监控的连续性。
- 为不同的用户指定不同的网管登录账户，分配其相应的操作权限，并定期更改网管口令以保证其安全性。
- 不要在业务高峰期使用网管调配业务，因为一旦出错，影响会很大，应该选择在业务量最小的时候进行业务调配。
- 进行业务调配后应及时备份数据，以备发生故障时实现业务的快速恢复。
- 不得在网管计算机上玩游戏，以及向网管计算机内复制无关的文件或软件。应定期用杀毒软件对网管计算机进行杀毒，防止感染计算机病毒。

6.1.2 维护基本操作

在系统工作出现异常情况时，可以通过适当的维护操作判断故障原因、解决故障，使系统恢复正常工作。

ZXMP S385 的维护操作可分为设备维护操作和网管维护操作。设备维护操作是针对设备硬件进行的操作，如拔插尾纤、硬件环回。网管维护操作是通过网管软件对设备进行的操作，如插入误码、软件环回。

1. 拔插尾纤

尾纤是连接设备外部光口或者 ODF 架法兰盘的一段光纤，并且两头带有相应的连接器(即尾纤插头)。常用尾纤连接如表 6-1 所示。

表 6-1　常用尾纤连接器列表

连接器型号	描述	外形图	连接器型号	描述	外形图
FC/PC	圆形光纤接头/微凸球面，研磨，抛光		FC/APC	圆形光纤接头/面呈 8°并作微凸球面，研磨，抛光	
SC/PC	方形光纤接头/微凸球面，研磨，抛光		SC/APC	方形光纤接头/面呈 8°并作微凸球面，研磨，抛光	
ST/PC	卡接式圆形光纤接头/微凸球面，研磨，抛光		ST/APC	卡接式圆形光纤接头/面呈 8°并作微凸球面，研磨，抛光	
MT-RJ	卡接式方形光纤接头		LC/PC	卡接式方形光纤接头/微凸球面，研磨，抛光	

注：ZXMP S385 尾纤连接器型号为 LC/PC。

(1) 插 LC/PC 插头尾纤

① 用拇指、食指捏住尾纤插头，将插头上的弹片对准光口法兰盘的凹槽，适度用力推入，避免损伤光适配器的陶瓷内管或者插头端面。

② 将尾纤插头完全插入，卡紧即可。

(2) 拔 LC/PC 插头尾纤

① 用拇指、食指捏住尾纤插头或者用拔纤器夹住插头，压下插头上的弹片。

② 沿插头方向适度用力将插头拔出。

③ 使用外挂防尘帽套上插头，防止空气中的灰尘污染端面。

2. 环回

环回是使信息从网元的发端口发送出去再从自己的收端口接收回来的操作，是检查传输通路故障时常用的手段。通过环回操作可以在分离通信链路的情况下逐级确认网元的故障点、检测节点和传输线路的工作状态，帮助快速准确地定位故障点网元，甚至故障点单板，同时可以方便设备的开通和调试。环回包括硬件环回和软件环回。环回信号可以是光信号或电信号。

(1) 硬件环回

硬件环回是指使用物理方法连接一路信号的收发端口。从信号流向的角度来讲，硬件环回一般都是朝设备方向环回，因此也称之为硬件自环。电信号与光信号自环的操作类似，下面以光接口的硬件自环操作为例说明。

光口的硬件自环是指用尾纤将光线路板的发光口和收光口连接起来达到信号环回的目的。光口的硬件自环有本板自环和交叉自环两种方式。本板自环是指用尾纤将本端设备中一个光方向的收/发两个光口连接起来。交叉自环是指用尾纤将本端设备中一个光

方向的发/收光口和另一个光方向的收/发光口连接起来。

(2) 软件环回

软件环回是指利用网管软件实现的环回，不仅可以设定相当于硬件环回的光信号或电信号自环，还可以设定线路环回或单一信道的环回。

系统根据线路板(处理 STM-*N* 信号)和支路板(处理 PDH 信号或者以太网信号等)区分环回方向。两种类型单板的软件环回都包括线路侧环回和终端侧环回，但是定义不相同。线路板向线路口方向环回称线路侧环回，反方向称终端侧环回；支路板向支路口方向环回称终端侧环回，反方向称线路侧环回。

软件环回可以通过网管控制某一通路的收、发连接。对于 ZXMP S385，可执行软件环回的通路包括管理单元 AU4，级联管理单元 AU4-*nc*，支路单元 VC3、VC12、VC11。

环回点与单板的对应关系如表 6-2 所示。

表 6-2 环回点及对应单板列表

环回点	单板类型
AU4	光线路板、STM-1 电处理板
AU4-*nc*	STM-4 等级以上光线路板
VC3	EP3
环回点	单板类型
VC12	2 M 电支路板
VC11	EPT1

3. 光功率测试

以下介绍发送光功率、接收光功率的测试方法以及测试注意事项。

(1) 发送光功率测试

发光功率测试示意图如图 6-1 所示。

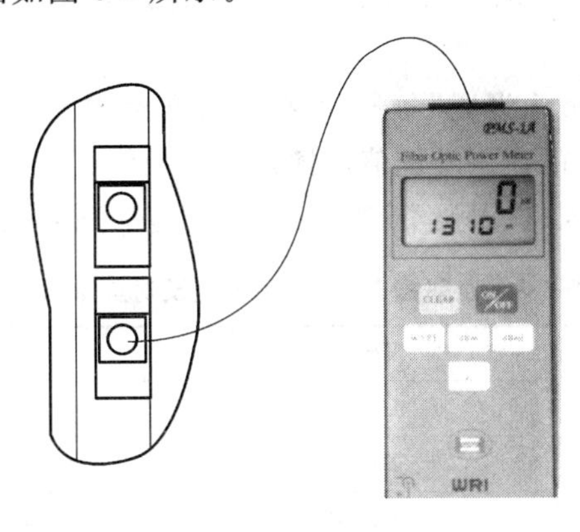

图 6-1 测试发送光功率示意图

- 将光功率计的接收光波长设置为与被测光线路板的发送光波长相同。
- 将尾纤的一端连接到所要测试光线路板的发光口，将尾纤的另一端连接到光功率计的测试输入口。待光功率稳定后，读出光功率值，即为该光线路板的发送光功率。

(2) 接收光功率测试

- 将光功率计的接收光波长设置为与被测发送光波长相同。

- 在本站选择连接相邻站发光口的尾纤，此尾纤正常情况下连接在本站光线路板的收光口上。将此尾纤连接到光功率计的测试输入口，待光功率稳定后，读出光功率值，即为该光线路板的实际接收光功率。

(3) 光功率测试注意事项

- 进行光功率测试时，一定要保证尾纤连接头清洁，保证光线路板面板上法兰盘和光功率计法兰盘的连接装置耦合良好。
- 测试前应测试尾纤的衰耗，确认使用的尾纤是传输性能良好的尾纤。对于设备光线路板使用单模和多模光接口的情况，应根据情况使用不同的尾纤测试。
- 如有必要，可认为光连接器和测试光纤的衰减是已知值，对光功率计读出的平均发送光功率进行修正。如需提高测试精度，可通过多次测试取平均值，然后再用光连接器和测试光纤的衰减对平均值进行修正。

4. 误码测试

ZXMP S385 可以实现的误码测试包括使用误码仪进行测试和软件测试两种方法。

(1) 使用误码仪测试

使用误码仪进行测试时，有在线测试和离线测试两种方法。误码的测试点为设备提供给用户的业务接入点，如 2 M、155 M 等物理接口。

① 在线测试方法

选定一条正在使用的业务通道，在该通道对应接口相连接的 DDF 或者 ODF 的监测接头上直接接入误码仪，进行在线误码监视。正常情况下应无误码。

② 离线测试方法

选定一条业务通道，找到此业务通道在本站的 PDH/SDH 接口和在对端站的 PDH/SDH 接口。在对端站的 PDH/SDH 接口利用网管软件作线路侧环回或者在 DDF 架上作硬件环回。在本站相应的 PDH/SDH 接口挂表测试误码。正常情况下应无误码。

(2) 网管软件测试

利用网管软件执行“插入误码”命令，可在信号通路中强制插入误码，如果插入成功，在通路对端应查询到相应的误码性能值。插入误码操作可以用来判断通道的状况。

ZXMP S385 误码插入点、误码类型与单板的对应关系如表 6-3 所示。

表 6-3 误码插入点、误码类型及对应单板列表

插入点	误码类型	单板类型
VC12	V5 误码	2 M 电支路板、以太网处理板
VC3	B3 误码	以太网处理板
VC4	B3 误码	光线路板、STM-1 电处理板
MS	B2 误码	光线路板、STM-1 电处理板
RS	B1 误码	光线路板、STM-1 电处理板
VC3-*nc*	B3 误码	光线路板
VC4-*nc*	B3 误码	STM-4 等级以上光线路板

人工插入的B2/B3误码对业务无影响,仪表不会检测到误码,仅能从网管终端查询;如果插入点为高阶VC3通道虚容器,且配置为双向业务,则插入点单板应检测到大致等量的远端误码。

5. 插入告警判断倒换工作状态

插入告警是利用人为产生的告警来监测系统的一种方法。对于ZXMP S385,可以利用网管插入AIS告警,用来判断自愈环网的倒换是否正常。

告警插入点与单板的对应关系如表6-4所示。

表6-4 告警插入点及对应单板列表

插入点	单板类型
TU12	2 M电支路板、以太网处理板
TU3	以太网处理板
MS	光线路板、STM-1电处理板
AU4-*nc*	STM-4等级以上光线路板
AU4	光线路板、STM-1电处理板

插入告警成功后,收端的相应通道应当上报AIS告警。如果插入点TU3/TU12,且配置为双向业务,则插入点还应上报"远端缺陷指示"告警。在告警插入成功的情况下,对于配置有保护的网络,如果业务未中断,表示倒换正常,如果业务中断,表示倒换异常,应重新检查线路或相关单板。

6.2 例行维护

6.2.1 设备的例行维护操作

常用的设备维护操作包括设备声音告警检查、机柜指示灯观察、单板指示灯观察、风扇插箱检查、防尘单元的定期清洗以及业务检查。

1. 设备声音告警检查

(1) 操作目的

在日常维护中,设备的告警声更容易引起维护人员的注意,因此在日常维护中应该保证设备告警时能够发出声音。

(2) 操作方法

人为制造告警,如利用网管软件进行"告警反转"操作,检查告警声音。

(3) 检查标准

发生告警时,ZXMP S385和列头柜应能发出告警声音。

(4) 异常处理

检查截铃开关是否置于"Normal"状态。检查告警门板、SCI板中的"ALARM_SHOW"接口、截铃开关三者间的电缆连接。如果ZXMP S385告警外接到列头柜,应检查外部告警电缆连接。

2. 机柜指示灯观察

(1) 操作目的

机柜指示灯作为监视设备运行状态的途径之一，在日常维护中具有非常重要的作用。应定期检查列头柜、设备告警门板上的指示灯是否正常，保证指示灯的状态可以正确反映设备是否有告警以及告警的级别。

(2) 操作方法

观察机柜顶部的指示灯状态。

(3) 检查标准

在设备正常工作时，机柜指示灯应该只有绿灯亮。ZXMP S385 指示灯位于机柜前门顶部的中间，有红、黄、绿三个不同颜色的指示灯，各个指示灯的含义如表 6-5 所示。

表 6-5 ZXMP S385 机柜指示灯及含义

指示灯	名称	状态	
		亮	灭
红灯	紧急或主要告警指示灯	设备有紧急告警，一般伴有声音告警	设备无紧急告警
黄灯	主要或次要指示灯	设备有主要告警或次要警告	设备无主要告警或次要告警
绿灯	电源指示灯	设备供电电源正常	设备供电电源中断

(4) 异常处理

当机柜指示灯有红灯、黄灯亮时，应进一步查看单板指示灯，并及时通知中心站的网管操作人员，查看设备告警、性能信息。

3. 单板指示灯观察

(1) 操作目的

机柜顶部指示灯的告警状态仅可预示本端设备的故障隐患或者对端设备存在的故障。因此，在观察机柜指示灯后，还需进一步观察设备各单板的告警指示灯，了解设备的运行状态。

(2) 操作方法

观察单板的指示灯状态。

(3) 检查标准

单板正常工作时，单板指示灯应该只有绿灯闪烁。ZXMP S385 常用单板指示灯状态详细说明如下。

网元控制板运行状态与指示灯状态对应关系如表 6-6 所示。

表 6-6 网元控制板运行状态与指示灯状态对应关系表

工作状态	NOM 绿灯	ALM1 黄灯	ALM2 红灯	MS 绿灯
正常运行	闪烁	灭	灭	
网元主要或次要告警	闪烁	亮		
网元紧急告警	闪烁		亮	
主用状态	闪烁			亮

说明:NCP板在网元与网管间传递运行、监控信息,NCP板的指示灯状态代表当前网元的运行状态。NCP板的告警大多为其他单板上报的告警所致。

公务板运行状态与指示灯状态对应关系如表6-7所示。

表6-7　公务板运行状态与指示灯状态对应关系表

工作状态	指示灯状态		
	NOM绿灯	ALM1黄灯	ALM2红灯
正常运行	闪烁	灭	灭
摘机	闪烁	亮	
单板有告警	闪烁		亮

交叉时钟板运行状态与指示灯状态对应关系如表6-8所示。

表6-8　交叉时钟板运行状态与指示灯状态对应关系表

工作状态	指示灯状态						
	NOM绿灯	ALM1黄灯	ALM2红灯	CKS1绿灯	CKS2绿灯	MS绿灯	TCS绿灯
正常运行	闪烁	灭	灭				
单板主要或次要告警	闪烁	亮					
单板紧急告警	闪烁		亮				
锁定(正常跟踪)	闪烁	灭	灭	亮	亮		
时钟保持	闪烁			亮	灭		
快速捕捉	闪烁			灭	亮		
自由振荡	闪烁			灭	灭		
主用时钟板	闪烁					亮	
备用时钟板	闪烁					灭	
TCS在位	闪烁						亮
TCS在位且工作正常	闪烁						闪烁

STM-1线路处理板运行状态与指示灯状态对应关系如表6-9所示。

表6-9　STM-1线路处理板运行状态与指示灯状态对应关系表

工作状态	指示灯状态				
	NOM绿灯	ALM1黄灯	ALM2红灯	TX绿灯	RX绿灯
正常运行	闪烁	灭	灭		
单板有告警	闪烁		亮		
相应接口工作正常	闪烁			亮	亮
相应接口有误码	闪烁			闪烁	闪烁
相应接口无信号	闪烁			灭	灭

电支路板运行状态与指示灯状态对应如表 6-10 所示。

表 6-10 电支路板运行状态与指示灯状态对应关系表

工作状态	指示灯状态		
	NOM 绿灯	ALM1 黄灯	ALM2 红灯
正常运行	闪烁	灭	灭
单板有告警	闪烁		亮

光线路板运行状态与指示灯状态对应关系如表 6-11 所示。

表 6-11 光线路板运行状态与指示灯状态对应关系表

工作状态	指示灯状态				
	NOM 绿灯	ALM1 黄灯	ALM2 红灯	TX 绿灯	RX 绿灯
正常运行	闪烁	灭	灭		
单板有告警	闪烁		亮		
相应光接口工作正常	闪烁			亮	亮
相应光接口有误码	闪烁				闪烁
相应光接口有 LoF	闪烁				灭
相应光接口激光器为关断状态	闪烁			灭	

TGE2B 运行状态与指示灯状态对应关系如表 6-12 所示。

表 6-12 TGE2B 运行状态与指示灯状态对应关系

工作状态	指示灯状态				
	NOM 绿灯	ALM1 黄灯	ALM2 红灯	LA 绿灯	SD 绿灯
正常运行	闪烁	灭	灭		
单板有告警	闪烁		亮		
相应 GE 光接口链接成功	闪烁			亮	
相应 GE 光接口接收到光信号	闪烁				亮

SEC，RSEB，MSE 运行状态与指示灯状态对应关系如表 6-13 所示。

表 6-13 SEC,RSEB,MSE 运行状态与指示灯状态对应关系

工作状态	指示灯状态						
	NOM 绿灯	ALM1 黄灯	ALM2 红灯	LAn 绿灯	SPn 绿灯	LA 绿灯	SD 绿灯
正常运行	闪烁	灭	灭				
单板有告警	闪烁		亮				
相应 FE 接口处于 Link 状态	闪烁			亮			
相应 FE 接口处于 Active 状态	闪烁			闪烁			
相应 FE 接口速率为 100M	闪烁				亮		
GE 光接口处理 Link 状态	闪烁					亮	
GE 光接口处于 Active 状态	闪烁					闪烁	
GE 光接口接收到光信号	闪烁						亮

光放板运行状态与指示灯状态对应关系如表 6-14 所示。

表 6-14 光放板运行状态与指示灯状态对应关系

工作状态	指示灯状态				
	NOM 绿灯	ALM1 黄灯	ALM2 红灯	TX 绿灯	RX 绿灯
正常运行	闪烁	灭	灭		
单板有告警	闪烁		亮		
相应光接口工作正常	闪烁			亮	亮
相应光接口有 LoF	闪烁				灭
相应光接口激光器为关断状态	闪烁			灭	

(4) 异常处理

当单板指示灯有红灯、黄灯亮时,应及时通知中心站的网管操作人员,查看设备、单板的告警信息和性能信息。

6.2.2 网管的例行维护操作

网管是例行维护的一个重要工具。为保证设备安全可靠的运行,网管所在局站的维护人员应每天通过网管对设备的运行状况进行检查。

1. 用户管理

(1) 操作目的

为防止非法用户登录网管软件,保障设备正常运行和业务安全,应定期更改网管用户的登录口令,并对网管操作人员指定合适的操作权限。

(2) 操作方法

- 网管软件中提供了 4 种用户等级:系统管理员、系统维护员、系统操作员和系统监视员。每种级别的用户具有特定的操作权限。用户应当为每一个网管操作人员指定不同的用户名、口令和管理对象，根据每个用户的实际操作权限指定不同的用户级别。

- 定期更改网管操作人员的登录口令。

(3) 检查标准

- 网管操作人员应能用指定用户名登录网管，并具有被指定的操作权限。
- 网管操作人员能定期更改登录口令。

(4) 异常处理

如果网管操作人员的操作权限有误，或无法更改口令，应请系统管理员核查用户配置数据，或者重新设置用户权限和口令。

2. 网管连接

(1) 操作目的

为确认网管软件能够及时、准确地反映设备运行状况，保障网管软件能够对设备进行有效监控，应对设备与网管间的连接进行检查。

(2) 操作方法

登录网管，查看网元标识。

(3) 检查标准

- 能够正常登录，网管中网元标识的计算机屏幕为蓝色。
- 网元图标不为灰色，应为绿色或某告警级别颜色。默认情况下，网元存在告警与图标颜色对应关系如表 6-15 所示。

表 6-15　网元告警与网元图标颜色对应关系

告警名称	网元图标颜色
紧急告警	红色
主要告警	橙色
次要告警	黄色
警告告警	紫色
警告告警已确认	图标绿色，外框紫色
不可靠告警	蓝色

网元图标为灰色时，表明网元离线或与网管失去联系。网元图标为绿色时，表明网元与网管通信正常且无告警。网元图标为某告警级别颜色，表明网元与网管通信正常，有告警，网元颜色对应当前最高告警级别。

6.3　故障处理思路及方法

确定设备出现故障后，最关键的一步就是将故障点准确定位到单站。以便集中精力，

通过数据分析、硬件检查、更换单板等手段来排除该站的故障。

6.3.1　故障原因

常见故障原因有工程问题、外部原因、操作不当、设备对接问题以及设备原因。

1. 工程问题

工程问题是指由于工程施工不规范、工程质量差等原因造成的设备故障。此类问题有的在工程施工期间就会暴露出来，有的可能在设备运行一段时间或某些外因作用下，才暴露出来，为设备的稳定运行埋下隐患。

产品的工程施工规范是根据产品的自身特点并在一些经验教训的基础上总结出来的规范性说明文件。因此，严格按工程规范施工安装，认真细致的按规范要求进行单点和全网的调试和测试，是阻止此类问题出现的有效手段。

2. 外部原因

外部原因是指传输设备以外导致设备故障的环境、设备因素，包括以下几类。

- 供电电源故障，如设备掉电、供电电压过低。
- 交换机故障。
- 光纤故障，如光纤性能劣化、损耗过高、光纤损断、光纤接头接触不良。
- 电缆故障，如中继脱落、中继损断、电缆插头接触不良。
- 设备接地不良。
- 设备周围环境劣化。

3. 操作不当

操作不当是指维护人员对设备缺乏深入了解，做出错误的判断和操作，从而导致设备故障。操作不当是在设备维护工作中最容易出现的情况。尤其在改网、升级、扩容时，出现新老设备混用、新老版本混用的情况下，由于维护人员不是非常清楚新老设备之间、新老版本之间的差别，常常引发故障。

4. 设备对接问题

传输设备传送的业务种类繁多、对接设备复杂，而且各种业务对传输通道的性能要求也不完全相同，设备对接时常出现设备故障。对接问题主要有以下几类。

- 线缆连接错误。
- 设备接地问题。
- 传输、交换网络之间时钟同步问题。
- SDH 帧结构中开销字节的定义不同。

5. 设备原因

设备原因指由于传输设备自身的原因引发故障，主要包括设备损坏和板件配合不良。其中设备损坏是指在设备运行较长时间后，因板件老化出现的自然损坏，其特点是：设备已使用较长时间，在故障之前设备基本正常，故障只是在个别点、个别板件出现，或在一些外因作用下出现。

6.3.2 故障定位的原则

由于传输设备自身的应用特点——站与站之间的距离较远，因此在进行故障定位时，最关键的一步就是将故障点准确定位到单站。在将故障点准确定位到单站后，就可以集中精力来排除该站的故障。故障定位的一般原则如下所示。

- 在定位故障时，应先排除外部的可能因素，如光纤断、交换故障或电源问题等，再考虑传输设备的问题。
- 在定位故障时，要尽可能准确的定位故障站点，再将故障定位到单板。
- 线路板的故障常常会引起支路板的异常告警，因此在故障定位时，先考虑线路，再考虑支路，在分析告警时，应先分析高级别告警，再分析低级别告警。

6.3.3 故障处理的基本步骤

在处理设备故障时，设备维护人员应该遵循“查看”、“询问”、“思考”、“动手”的基本步骤。

(1) 查看

维护人员到达现场后，应仔细查看设备的故障现象，包括：设备的故障点、告警原因、严重程度、危害程度。只有全面了解设备的故障现象，才能透过现象看本质。

(2) 询问

观察完故障现象后，应询问现场操作人员，有没有直接原因造成此故障，如修改数据、删除文件、更换电路板、停电、雷击等。

(3) 思考

根据现场查看的故障现象和询问的结果，结合自己的知识进行分析，进行故障定位，判断故障点和故障原因。

(4) 动手

在通过前面三个步骤找出故障点后，维护人员可以采取适当的操作来排除故障，如修改配置数据、更换板件。

6.3.4 故障处理的常用方法

故障处理的常见方法有观察分析法、测试法、拔插法、替换法、配置数据分析法、更改配置法、仪表测试法以及经验处理法。

1. 观察分析法

当系统发生故障时，在设备和网管上将出现相应的告警信息，通过观察设备上的告警灯运行情况，可以及时发现故障。

故障发生时，网管上会记录非常丰富的告警事件和性能数据信息，通过分析这些信息，并结合 SDH 帧结构中的开销字节和 SDH 告警原理机制，可以初步判断故障类型和故障点的位置。

通过网管采集告警信息和性能信息时，必须保证网络中各网元的当前运行时间设置

和网管的时间一致。如果时间设置上有偏差，会导致对网元告警、性能信息采集的错误和不及时。

2. 测试法

当组网、业务和故障信息相当复杂时，或者设备没有出现明显的告警和性能信息上报的特殊故障时，可以利用网管提供的维护功能进行测试，判断故障点和故障类型。下面以环回操作为例进行说明。

进行环回操作前，首先需要确定环回的网元、单板、通道、方向。因为同时出问题的通道大都具有一定的相关性，所以在选择环回通道时，应该从多个有故障的网元中选择一个网元，从多个有故障的业务通道中选择一个业务通道，对所选择的业务通道逐个方向进行环回操作加以分析。

进行环回操作时，先将故障业务通道的业务流程进行分解，画出业务路由图。将业务的源和宿、经过的网元、所占用的通道和时隙号罗列出来，然后逐段环回，定位故障网元。故障定位到网元后，通过线路侧和支路侧环回定位出可能存在故障的单板。最后结合其他处理办法，确认故障单板，并予以更换。

环回操作不需要对告警和性能做太深入的分析，是定位故障点最常用、最有效的方法，缺点是会影响业务。

3. 拔插法

当故障定位到某块单板时，可以通过重新拔插单板和外部接口插头的方法，来排除接触不良或单板状态异常的故障。

4. 替换法

替换法就是使用一个工作正常的物件去替换一个被怀疑工作不正常的物件，从而达到定位故障、排除故障的目的。这里的物件，可以是一段线缆、一块单板或一端设备。替换法适用于以下情况。

- 排除传输外部设备的问题，如光纤、中继电缆、交换机、供电设备等。例如，支路板某个 2 M 有"CV 性能超值"或者"2M 信号丢失"的告警，怀疑是交换机或中继线的问题，则可与其他正常通道互换一下。若互换后告警发生了转移，则说明是外部中继电缆或交换机的问题；若互换后故障现象不变，则可能是传输的问题。
- 故障定位到单站后，排除单站内单板的问题。例如，某站光线路板有告警，怀疑收发光纤接反，则可将收、发两根光纤互换。若互换后，光线路板告警消失，说明确实光纤接反。
- 解决电源、接地问题。替换法操作简单，对维护人员要求不高，是比较实用的方法，缺点是要求有可用备件。

5. 配置数据分析法

由于设备配置变更或维护人员的误操作，可能会导致设备的配置数据遭到破坏或改变，导致故障发生。对应这种情况，在故障定位到网元单站后，可以通过查询设备当前的配置数据和用户操作日志进行分析。

配置数据分析法可以在故障定位到网元后，进一步分析故障，查清真正的故障原因。

但该方法定位故障的时间相对较长，对维护人员的要求高，只有熟悉设备、经验丰富的维护人员才能使用。

6. 更改配置法

更改配置法是通过更改设备配置来定位故障的方法，适用于故障定位到单个站点后，排除由于配置错误导致的故障。可以更改的配置包括时隙配置、板位配置、单板参数配置。更改配置法应用举例如下。

- 更改配置法最典型的应用是解决指针调整问题，在定位指针调整问题时，可以更改时钟源配置和时钟抽取方向进行定位。
- 如果怀疑支路板的某些通道或某一块支路板有问题，可以将时隙配置到另外的通道或另一块支路板。如果怀疑背板上的某个槽位有问题，可以通过更改板位配置进行排除。
- 在升级扩容改造中，如果怀疑新的配置数据有误，可以重新下发原有配置数据，来定位是否是配置数据的问题。因为更改配置法操作起来比较复杂，对维护人员的要求较高，所以一般仅用于在没有备板的情况下临时恢复业务，或用于定位指针调整问题，一般情况不推荐使用。

7. 仪表测试法

仪表测试法是指利用工具仪表定量测试设备的工作参数，一般用于排除传输设备外部问题以及与其他设备的对接问题。仪表测试法应用举例如下。

- 如果怀疑电源供电电压过高或过低，可以用万用表进行测试。
- 如果传输设备与其他设备无法对接，怀疑设备接地不良，可以用万用表测量通道发端信号地和收端信号地之间的电压值。若电压值超过 500 mV，可以认为是设备接地不良造成。
- 如果传输设备与其他设备无法对接，怀疑接口信号不兼容，可以通过信号分析仪表观察帧信号是否正常、开销字节是否正常、是否有异常告警，进而判断故障原因。

通过仪表测试法分析定位故障比较准确，可信度高，缺点是对仪表有需求，同时对维护人员的要求也比较高。

8. 经验处理法

在一些特殊的情况下，由于瞬间供电异常、外部强烈的电磁干扰，致使设备单板进入异常工作状态，发生业务中断、ECC 通信中断故障，此时设备的配置数据完全正常。经验证明，在这种情况下通过复位单板、设备重新加电、重新下发配置数据等方法，可及时、有效地排除故障、恢复业务。

经验处理法不利于故障原因的彻底查清，除非情况紧急，否则应尽量避免使用。当维护人员遇到难以解决的故障时，应通过正确渠道请求技术支援，尽可能地将故障定位出来，以消除隐患。

6.4　ZXMP S385 设备的告警

6.4.1　设备告警信息

以下将详细介绍告警分类、告警严重程度和告警级别。

1. 告警分类

通信类告警:直接影响业务层的告警,指示通信信号在一定的层面上发生了中断或者信号劣化。

同步类告警:时钟相关故障产生的告警。

设备类告警:由设备内部故障直接产生的告警,包括电源故障、单板故障、单板脱位、网管配置和设备上安装的硬件不一致故障而产生的告警。

2. 告警严重程度

告警信息按严重程度可分为四种:紧急、主要、次要和警告,依次表示告警严重程度由高到低。每条告警信息都具有一个默认的告警严重程度,在网管系统中可以根据需要修改告警严重程度。

3. 告警级别

通信中断类告警级别比通信误码类告警级别高。再生段的告警级别比复用段的告警级别高。复用段的告警级别比高阶通道的告警级别高。高阶通道的告警级别比低阶通道的告警级别高。

由于高级别的告警常常会导致低级别的告警,因此故障发生时,必须首先对高级别的告警进行处理,同时观察低级别的告警是否消失。如果没有消失,再对低级别的告警进行处理;如果消失,说明低级别的告警是由高级别的告警引起的。

4. 告警汇总表

ZXMP S385 的告警信息如表 6-16 所示。

表 6-16　ZXMP S385 告警信息表

分类	告警检测点	告警名称	告警严重程度
通信类	SDH 光接口	光接收信号丢失	紧急
		发送光功率越限	主要
		接收光功率越限	主要
		激光器偏流越限	次要
	SDH 电接口	信号丢失	紧急
	PDH 电接口	信号丢失	紧急
		PDH 告警指示信号	主要

续 表

分类	告警检测点	告警名称	告警严重程度
通信类	再生段	帧丢失	紧急
		帧失步	紧急
		不可用时间	主要
		DCCR 连接失败	主要
		再生段信号劣化	次要
		再生段告警指示信号	主要
		再生段跟踪标识失配	主要
		再生段误码率越限	主要
	复用段	复用段告警指示信号	主要
		复用段远端缺陷指示	次要
		复用段信号劣化	次要
		不可用时间	主要
		B2 误码过限	主要
		DCCM 连接失败	主要
		K2 失配	紧急
		K1/K2 失配	紧急
	AU4/AU4-*nc*	AU 指针丢失	紧急
		AU 通道告警指示信号	主要
	TU3/TU12/TU11	TU 指针丢失	紧急
		TU 通道告警指示信号	主要
	VC4/VC3/VC4-*nc*/VC3-*nc*	高阶通道净荷失配	紧急
		复帧丢失	紧急
		通道跟踪标识失配	主要
	VC4/VC3/VC4-*nc*/VC3-*nc*	高阶通道未装载(UNEQ)	主要
		远端缺陷指示	次要
		高阶通道信号劣化	次要
		不可用时间	主要
		误码率越限	主要
	VC12/VC11	低阶通道未装载	主要
		低阶通道净荷失配	主要
		不可用时间	主要
		远端缺陷指示	次要
		通道跟踪标识失配	主要
		误码率超限	主要
		扩展信号标记失配	主要
		远端失效指示(RFI)	次要

续表

分类	告警检测点	告警名称	告警严重程度
同步类	同步定时源	定时输入信号帧丢失	主要
		定时输入信号告警指示	主要
		定时输入信号误码率超限	主要
		定时输入丢失	紧急
		定时输出丢失	紧急
		同步定时源失配	主要
设备类	单板	单板脱位	紧急
		板类型失配	紧急
		应安板未安装	主要
		板类型未知	主要
		单板扳手未到位	主要
		接口板类型不匹配	紧急
		接口板工作不在位	紧急
		接口板工作不正常	紧急
		单板运行不正常	紧急
	EDFA	模块温度越限	次要
		EDFA 接收信号丢失	紧急
		输出光功率越限	主要
		输入光功率越限	主要
		发送光功率失效	紧急
	EDFA 激光器	激光器偏流越限	次要
		激光器温度越限	次要
		泵浦激光器出纤功率越限	次要
		泵浦激光器制冷电流越限	次要
		风扇故障	主要
	环境	过湿	警告
		高温	警告
		火警	警告
	温度探测点	探测点温度超限	次要

6.4.2 设备告警信息处理

根据设备告警信息的不同,有不同的处理方法。下面列举几种常见设备告警信息及处理办法。

1. 10 G 光接收信号丢失告警

10 G 光接收信号丢失告警信息及处理如表 6-17 所示。

表 6-17　10 G 光接收信号丢失

项目	描述
告警名称	10 G 光接收信号丢失
告警级别	紧急
告警分类	通信类告警
告警解释	该告警指示在光物理层发生中断，本端没有接收到对端送来的光信号
告警单板	OL64
相关开销	无
告警指示	单板：红色告警指示灯常亮，接收灯长灭；网管：打开单板管理对话框，单板为红色且标识“C”
告警原因	外部光缆线路故障；尾纤、耦合器件故障；耦合程度不够或者；收发关系错误；本端光板上收光模块故障；对端光板上光发模块故障；本端光板接收到不同速率等级的光
处理方法	处理光缆线路；更换尾纤或者耦合器件；保证耦合良好，改正收发关系；更换本端光板；更换对端光板；核实连接光路的速率等级，并连接正确的光路
备注	故障所处逻辑功能块：SDH 物理接口基本功能块

2. 2 M 电信号丢失告警信息

2 M 电信号丢失告警信息及处理如表 6-18 所示。

表 6-18　2 M 电信号丢失

项目	描述
告警名称	2 M 电信号丢失
告警级别	紧急
告警分类	通信类告警
告警解释	该告警指示在电物理层上发生中断，本端没有接收到交换或者其他设备送来的电信号
告警单板	EPE1
相关开销	无
告警指示	单板：红色告警指示灯长亮；网管：打开单板管理对话框，单板有红色告警标识
告警原因	2 M 线接反；2 M 线断；2 M 口有问题；2 M 口外接设备有问题
处理方法	调换 2 M 线；调整 2 M 线；更换相应的单板；维修与 2 M 口相连的设备
备注	故障所处逻辑功能块：PDH 物理接口(PPI)基本功能块

6.5 故障分析与处理

6.5.1 常见告警分析与处理

1. 光口接收信号丢失

原因：

- 光连接不良使接收光功率过低；
- 光接收模块或者对端发送模块坏；
- 光纤盘上的光纤被烧坏。

解决办法：

- 对光连接进行检测后查好光纤，保证光连接正确可靠；
- 换模块；
- 换相应的尾纤。

2. 帧丢失

原因：

- 时钟板不在位；
- 本板时钟紊乱；
- 光接收信号不是同等级别信号。

解决办法：

- 检查两块时钟板状态，确保至少一块时钟板正常工作；
- 换单板；
- 检查光纤连接的对端是否正确。

3. 复用段告警指示

原因：

- 网管在对端光板的发送端强制插入了 AIS；
- 对端设备是 REG，对端的光接收有 LoF，LoF 或 OOF 告警。

解决办法：

- 在网管上清除强制插入的 AIS 告警；
- 检查对端光接收有告警的原因，解决对端光接收告警后，本端告警自行消失。

4. AU4 通道告警指示

原因：

- 在网管上配置了业务而实际上没有业务；
- 交叉板故障或者不在位；
- 网管在对端强制插入了告警。

解决办法：

- 检测网管时隙配置是否正确；
- 换交叉板，可以通过更换光板和交叉板来确定；

- 在网管上清除对端强制插入告警即可。

5. 2 M 接收信号丢失

原因：

- 2 M 电缆没有接好、虚焊、2 M 电缆坏；
- 该支路 2 M 接收电路有故障；
- 与本板对接的设备的 2 M 信号发电路有故障。

解决办法：

- 自环判断是否是此问题，重新做线；
- 将该支路的接收电缆连接到无告警的支路 B 的输入口上，从网管上查看支路 B 是否有告警。若支路 B 也有告警，则认为对接设备的 2 M 信号发送电路有故障；若无告警，则是该支路的接收电路有故障。

6.5.2 常见性能分析与处理

1. 物理接口性能事件及处理

(1) 概述

2 M，34 M 和 45 M 物理接口的性能通过 CV 来实现，CV 是编码违例的简称。CV 针对电信号编码进行的检测，其中 2 M，34 M 和 45 M 信号采用 HDB3 码。当检测到编码有误时，则上报 CV。

(2) 产生原因

不同速率电信号产生 CV 的原因相似，以最常用的 2 M 信号为例，其原因包括：

- 支路板本身的接口部分性能不好；
- 在拔插接口电缆的瞬间，支路端口会产生轻微的 CV 计数；
- 电缆的焊接或压接质量不良；
- 若几乎所有的支路都上报 CV，原因可能是交换设备、传输设备没有共地；
- 电缆质量不好。

(3) 对业务的影响

- CV 值比较小，15 min 内有几个或没有，24 h 内零星上报，对业务不会有影响。
- CV 值 15 min 内较大，而且是持续的增加，业务可能受影响，出现话音噪声或数据乱码，严重时可导致业务中断。
- 突发式出现的很大的 CV 值，瞬间中断业务。

(4) 处理方法

- 隔离交换设备和传输设备，分别用误码仪测试相应的净传输通道，确定 CV 上报源是交换设备还是传输设备。
- 如果 CV 上报源是传输设备，断开该通道的业务连接，通过网管查找上报 CV 的网元，定位故障点。如果由于 2 M 支路板的接口部分性能造成，通过硬件环回可以判断，一般通过更换支路板可以解决。如果由于电缆连接质量不良导致，应重新焊接或压接电缆，避免接触不良。如果由于电缆质量造成，应更换电电缆。对于接地不良造成的 CV，通常是由于不同厂家的设备业务接口地线设计不同导致。

解决办法是重新做地线，也可以考虑在发端芯线串联一个电容，电容可以使用容量为0.1～1 μf的钽电容。

- 如果CV上报源是交换设备，可以根据交换设备的用户手册处理，也可借鉴传输设备的处理方法。
- 在设备正常运行时，用户可以在空闲的传输通道接入误码仪进行24 h测试，挑选出几条性能良好的传输通道备用。在突发大量CV时，可以将业务倒换到备用通道传输。

2. 再生段性能事件及处理

(1) 概述

再生段性能事件通过再生段开销字节B1实现。B1字节采用8比特作为奇偶校验，B1字节在接收端网元进行检测和终结，不向下一网元传递。

(2) 产生原因

外部原因：光纤接头不清洁或连接不正确，光纤性能劣化、损耗过高。

设备原因：光线路板收发光模块、交叉时钟板及时钟质量不好。

人为原因：使用网管软件在再生段进行了插入误码操作，并且未删除。

(3) 对业务的影响

- 零星小误码，规律性较强，每24 h有几次或几天一次，平均每个误码秒1个BBE。该类误码一般不产生低级别误码，对业务影响很小。
- 大误码，规律性较强，每24 h有几次或几天一次，平均每个误码秒最少5个BBE，偶尔伴有瞬间帧失步告警(持续5～6 s)和OFS计数，导致B2,B3误码。所有业务都受影响，尤其对电视业务会有短暂马赛克或停帧，但对电话或数据业务，用户一般察觉不到。
- 突发连续大误码，上报性能超值告警，伴随帧失步告警，系统不可用时间开始，业务频繁瞬断。

(4) 处理方法

- 将本端设备的线路光接口自环，适当调节光纤插入深度，若告警消失，则是由于光功率过强或过弱引起。如果光功率过强，应在线路中加入衰减器调节。如果光功率过弱，应清洗尾纤后重新连接，或更换光发功率强的光模块。
- 如果是光线路板或交叉时钟板所致，应更换相应单板。
- 如果是在网管软件中插入误码所致，应在网管中删除此误码，并将命令下发。

3. 复用段性能事件及处理

(1) 概述

复用段性能由复用段开销B2,K1,K2字节体现。K1,K2字节体现MS-PSD和MS-PSC性能，B2体现复用段误码的监视。

复用段误码采用3个B2字节共24比特作为奇偶校验，误码不传递，在对复用段开销处理的收端网元终结，同时发出对告消息。因此，中继设备的B2字节将无任何改变发至下一个网元，由下一网元处理。分插复用器和终端复用器均将B2终结，并重新发起校验记数，将B2的对告消息回送至发送网元。

对于 B2 而言，对告消息的发送字节为复用段开销中的 M1 字节，即复用段远端误码块指示字节。当收端网元检测到 B2 后，将性能值存入复用段远端误码块指示字节，回送至发端网元。发端网元检测到后，上报相应数值的 B2 远端数值(FEES/FEBBE/FESES/FEUAS)。因此，通常网元的 B2 BBE/ES/SES/UAS 与对端网元的 B2 FEBBE/FEES/FESES/FEUAS 伴随产生。

(2) 产生原因

复用段性能事件产生的可能原因如下。

- B1 误码导致 B2 误码，此时产生的原因与 B1 误码相同，请参见 4.3 节内容。
- 光线路板损坏。
- 使用网管软件在复用段进行了插入误码操作，并且未删除。
- 网络中有复用段倒换事件发生。

(3) 对业务的影响

- B2 误码较少时，对系统的影响不大，当性能持续劣化以至于误码超过性能门限时，上报性能超值告警。
- 如果网管同时上报帧失步告警和 B2 性能超值告警，对于配置有复用段保护的网络将进行复用段倒换，MS-PSD 和 MS-PSC 开始计数。倒换正常时，MS-PSC 计数为偶数；倒换恢复时，MS-PSD 统计时间清零，等待下次倒换重新计数。

(4) 处理方法

- 如果 B2 误码随 B1 误码出现，应首先解决 B1 误码，B1 误码的处理请参考 4.3 节中描述的处理方法。
- 如果是在网管软件中插入误码所致，应在网管中删除此误码，并将命令下发。
- 当网络中发生复用段倒换事件时，如果 MS-PSC 倒换计数为奇数，则检查网络中是否出现 NCP 板拔板或故障、光口自环、保护关系配置错误、APS 被暂停、APS-ID不一致、倒换控制命令上下不一致、保护光线路板对之间无法正常传递 K 字节等情况。如果存在，应先解决以上问题；如果没有，通过给复用段环中各点下发复位 APS 命令解决。

4. 高阶通道性能事件及处理

(1) 概述

高阶通道性能事件通过高阶通道开销 B3 实现。B3 字节负责监测 VC4 在 STM-N 帧中传输的误码性能，使用 8 比特对高阶通道作奇偶校验。B3 字节由通道的始端网元发起，在通道中经过的 ZXMP S385 中透传，不进行处理，在整个通道的终端网元进行终结。

B3 误码的对告字节为高阶通道开销 G1。G1 将通道终端状态和性能情况回送给 VC-4 通道源设备，从而允许在通道的任一端或通道中任一点对整个双向通道的状态和性能进行监视。网元的 B3BBE/ES/SES/UAS 与对端网元的 B3FEBBE/FEES/FESES/FEUAS 伴随产生。

(2) 产生原因

B3 误码通常伴随 B1，B2 误码的产生而产生，可能由于以下原因导致。

外部原因：光功率过强或过弱。

设备原因：光线路板、交叉时钟板故障。

人为原因：网管中，在高阶通道插入误码未删除。

(3) 对业务的影响

B3 误码较少时，对设备影响不大。当性能持续劣化，B3 误码超过其门限值时，上报 B3 误码性能超值告警，通道传输质量下降。

(4) 处理方法

首先检查是否存在 B1 和 B2 误码，如果有，请参照 4.3 节和 4.4 节内容进行处理。

如果不存在 B1 和 B2 误码，在上报 B3 误码的通道中寻找 B3 误码的起点，解决起点的 B3 误码后，沿通道寻找下一个新的 B3 误码起点，如此类推，直至全部解决。

如果是在网管软件中插入误码所致，应在网管中删除此误码，并将命令下发。

5. 低阶通道性能事件及处理

(1) 概述

低阶通道性能通过低阶通道开销 V5 字节体现。V5 的第 1 和第 2 比特采用两比特奇偶校验对低阶通道进行误码监视。V5 字节的第 3 比特作为低阶通道远端误码指示将收端检测到的误块数回送发端。因此，低阶通道性能传递具有远端概念，网元的V5 BBE/ES/SES/UAS 与对端网元的 V5 FEBBE/FEES/FESES/FEUAS 伴随产生。

(2) 产生原因

- 复用段、再生段误码所致。
- 支路板故障。
- 网管中，在低阶通道插入误码未删除。

(3) 对业务的影响

误码较少时，对设备影响不大，当性能持续劣化致使低阶通道性能值超过门限时，网管上报性能超值告警，传输质量下降。

(4) 处理方法

- 如果 V5 误码由复用段或再生段误码所致，且系统中存在 B1，B2 或 B3 误码时，应先处理 B1，B2 和 B3 误码。
- 如果由于支路板故障造成，应更换支路板。
- 如果是由于在网管软件中进行了插入误码的维护操作导致，删除此维护操作并下发命令。

6.5.3 故障处理应用实例

ZXMP S385 的典型故障包括通信故障、业务中断故障、误码类故障、同步类故障、公务类故障、设备对接故障、网管连接故障。

1. 通信故障

(1) 故障原因

传输设备侧或交换机侧的故障导致通信业务的中断或者产生大量误码。

(2) 处理步骤

① 发生故障后，启动备用通道保证现有通信业务的正常进行。

② 定位故障点，对故障进行定界和定性，确定究竟是传输侧故障还是交换侧故障。

定位故障点应当采取测试法，建议使用环回操作。环回可以通过在 DDF 架上做硬件环回实现，也可以通过传输设备做软件环回实现，同时接入误码仪测试通道环中信号的优劣。如果用软件在传输设备上实现环回必须分清支路环回和 AU 环回、终端侧环回和线路侧环回。

③ 如果故障定界到交换侧，与交换班组协调处理。

④ 判断故障种类后，按照相应的故障处理流程排除故障。

(3) 应用实例

故障现象：某局程控交换机值班人员发现交换机的一条 2M 中继通信中断。

故障原因分析：该条中继使用 ZXMP S385 作为中继传输设备，值班人员在交换机侧的 DDF 架进行 2M 硬件环回，发现故障消失，随后通知传输机房值班人员处理。

处理方法：传输机房值班人员接到通知后，立即到对应 ZXMP S385 设备的 DDF 架侧进行 2M 硬件环回测试，发现故障依然存在，传输网管上的告警没有消失。仔细检查 2M 中继同轴电缆，发现其中发端的同轴电缆芯线断开。重新做好同轴头，并接入到 DDF 对应的 2M 位置。程控交换机的 2M 中继通信恢复正常，故障被排除。

2. 业务中断故障

(1) 故障原因

① 外部原因：供电电源故障；光纤、电缆故障。

② 操作不当：由于误操作，设置了光路或支路通道的环回；由于误操作，更改、删除了配置数据。

③ 设备原因：单板失效或性能劣化。

(2) 处理流程

① 在本端网元选择故障通道中的支路收发端口接入误码仪，采用测试法逐级环回，定位故障网元。

• 高阶管道、管理单元环回原则

依次从本端网元的故障光方向做故障 AU 的终端侧环回、临近网元的近端光路故障 AU 的线路侧环回、临近网元的远端光路故障 AU 的终端侧环回、次临近网元的近端光路故障 AU 的线路侧环回、次临近网元的远端光路故障 AU 的终端侧环回、末端网元的近端光路故障 AU 的线路侧环回、末端网元的对应支路的线路侧环回。

• 低阶通道环回原则

依次将本端该支路时隙在临近网元、次临近网元、末端网元的光路时隙直通配置更改为时隙下支路。从临近网元新配的支路做线路侧环回、次临近网元新配的支路做线路侧环回、末端网元的对应支路做线路侧环回。

逐级环回示意图如图 6-2 所示。

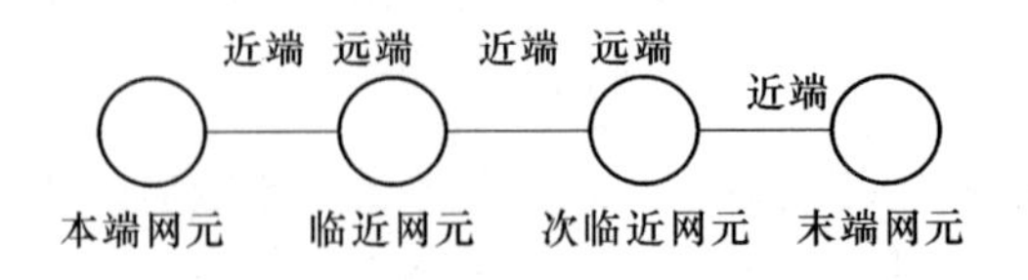

图 6-2 逐级环回示意图

② 察设备指示灯的运行情况，分析设备故障。如某块单板红、绿指示灯均熄灭，而其

他板正常，则可能该单板失效或故障，更换该单板。

③ 析网管的告警和性能。根据故障反映出来的告警和性能定位故障单板并加以更换。

步骤②，③可同时进行，并结合拔插法和替换法。

(3) 应用实例

以下对光缆线路中断导致业务全阻案例进行介绍。

① 系统概述

某局本地传输网采用 ZXMP S385 设备组网，整个网络由 6 端 ZXMP S385 网元组成，构成一个通道保护环带链的结构，环一上的传输速率是 2.5 Gbit/s，F 到 C 的链上的传输速率是 622 Mbit/s，B 和 D 的链上传输速率是 155 Mbit/s。网络结构如图 6-3 所示。中心局设在 E 网元，网管终端放在中心局。

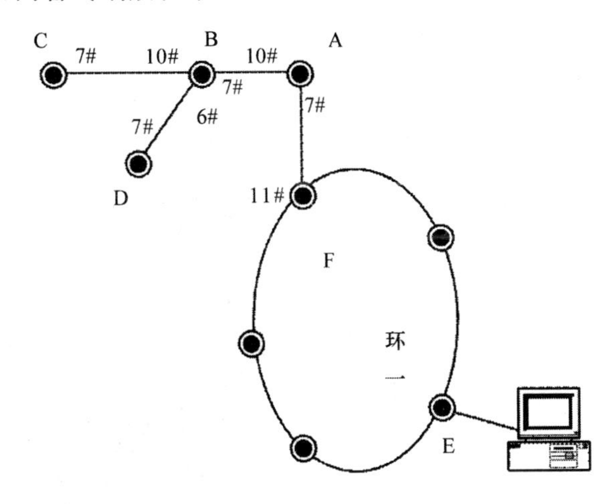

图 6-3 网络结构图

链上光纤连接关系如下：F 网元的 11＃OL4 接 A 网元 7＃OL4，A 网元的 10＃OL4 接 B 网元 7＃OL4，B 网元的 10＃OL4 接 C 网元 7＃OL4，B 网元的 6＃OL1 接 D 网 元 7＃OL1。

所有其他网元均只和 E 网元有业务配置，A 到 E 的业务使用链上的 1＃AU，B 到 E 的业务使用链上的 2＃AU，C 到 E 的业务使用链上的 3＃AU，D 到 E 的业务使用链上的 4＃AU。网元 A 设置为内时钟，其余网元通过 S1 使用双向提取线路时钟。

② 故障现象描述

A，B，C，D 到 E 的业务全部中断，通过网管采集告警发现：F 网元的 11＃OL4 上有“622M 接收信号丢失”；A，B，C，D 脱管。

③ 故障分析

通过上面的告警可以知道，F 没有收到光信号。故障在 A 和 F 之间，故障原因可能是 A 或 F 的光板故障，但外部光缆线路等因素导致上述故障的可能性比较大。

④ 故障定位和排除

采用光功率指标测试法：到网元 F 所在机房，用光功率计从 11＃光板输入口、ODF

的收光法兰连接处、ODF 上光缆成端的法兰连接处，逐级测量光接口的功率。光功率计上均为收无光功率指示。测试 11＃光板的发口光功率为－2.15dBm。由于 F 和 A 距离 25 km，采用 L4.1 的光板连接，测试值在发送指标范围内。联系网元 A 所在机房，使用光功率计做类似测试，收光测试结果相同，7＃OL4 发口光功率为－1.85dBm。于是确认是外部光缆线路中断，通知局方处理。并配合局方调度中断的业务到其他设备和线路上。

进一步的工作：必须确认 A 网元 7＃OL4 和 F 网元的 11＃OL4 收口良好。采用尾纤自环的办法将光板的收口和发口自环，但必须保证光板收口接收从尾纤过来的光功率在指标范围内。此时如果该网元指示“622M 接收信号丢失”告警消失，证明该光板收口良好。

通过局方检查确认光缆线路由于工程施工被挖断，熔接处理后光缆恢复正常。在网元 A 和 F 测试收口光功率正常后，将光板上的尾纤接回，光路正常，告警消失。

3. 误码类故障

以下对设备温度过高导致 B2 误码案例进行介绍。

（1）系统概述

某局本地传输网采用 ZXMP S385 系统组网，整个网络由 2 端 ZXMP S385 网元组成，传输速率是 2.5 Gbit/s。采用点对点无保护链形组网，网络结构如图 6-4 所示。中心局设在 B 网元，网管终端放在中心局。

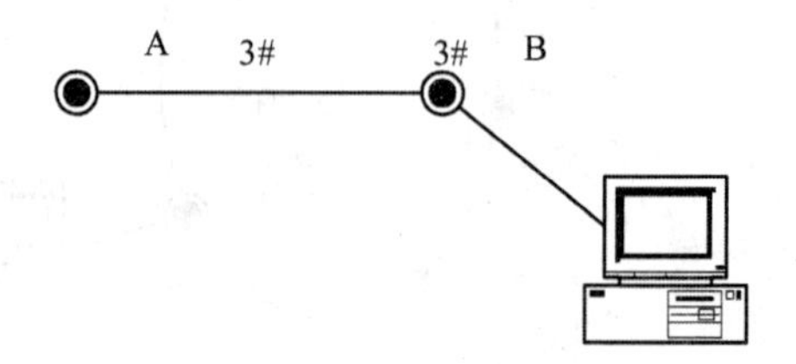

图 6-4　网络结构图

光纤连接关系如下：A 网元的 3＃OL16 接 B 网元 3＃OL16。A 网元和 B 网元的业务配置使用 16 个 AU 资源。网元 B 设置为外时钟，网元 A 提取线路时钟。

（2）故障现象描述

用户反映交换业务层有误码，怀疑是传输有故障。检查网管发现：网元 A 的 3＃OL16 板上有大量的“B2，B3 BBE/ES/SES 性能值”上报，同时有“复用段信号劣化”和“B2，B3 BBE/ES/SES 性能超值”告警。网元 B 的 3＃OL16 板上有大量的“B2，B3 FEBBE/FEES/FESES 性能值”，同时有“复用段远端缺陷指示”和“B2，B3 FEBBE/FEES/FESES 性能超值”告警。

（3）故障分析

由于有 B2/B3 和复用段告警，确认是复用段上的故障。首先检查机房环境和设备状况，然后再使用高阶故障定位处理的一般方法处理故障。

（4）故障定位和排除

检查设备时发现设备的风扇被用户的维护人员关掉，单板温度非常高，怀疑故障由此引起。将风扇打开 10 min 后，观察网管性能和告警指示，故障消除。

(5) 结论

由于单板温度过高,芯片不能正常工作而产生误码。

4. 时钟同步类故障

以下对时钟故障导致光板报帧丢失或接收信号丢失告警案例进行介绍。

(1) 故障现象描述

有一端 ZXMP S385 设备在运行中,所有光板突然报“帧丢失”和“接收信号丢失”告警。

(2) 故障分析

当设备上报光接收信号丢失或帧丢失的时候,怀疑光板故障,采用的方法是自环光板来确定是本端的问题还是远端的问题。但由于 SDH 信号调制是基于同步前提下的,所以我们要有这样的意识:光板自环告警,问题可能出自光板,也可能来自于时钟板。

(3) 故障定位和排除

自环定位故障网元后,更换光板,但告警依旧。确定不是该网元光板故障,更换时钟板后故障排除。

(4) 结论

故障的真正原因是时钟板损坏后,整个系统内无可用的定帧时钟,光板发出的信号无法成帧。如果所有光板均上报帧丢失、接收信号丢失,应首先考虑时钟板问题。所以要做的首先是倒换时钟板和更换时钟板。

5. 网管连接故障

(1) 故障现象描述

网管无法通过 Qx 口与 NCP 连接,ping 不通 NCP 但可 ping 通自己。

(2) 故障分析

检查网线是否正常,网线类型(直通网线或交叉网线)是否正确。检查计算机网络设置是否正确。ping 通自己说明网卡已经正确安装并且网络配置生效,ping 不通 NCP 可能由于网管计算机和网元的 IP 地址及子网掩码不在同一网段。

(3) 故障定位和排除

将 NCP 板的拨码开关拨为全“ON”状态,设置为下载状态。利用“telnet192.192.192.11”等命令,检查其网元和服务器 IP 地址与网管主机数据库中的配置是否一致。

(4) 结论

经检查,由于数据配置不一致导致故障,修改正确的配置后故障被排除。

6. 公务故障

(1) 故障现象描述

某局新安装的 ZXMP S385 设备在站点 A 和站点 B 的公务电话打不通、不能听拨号音。

(2) 故障分析

① 查看光线路板有否告警,如果有光信号告警,首先解决光线路告警。

② 复位呼叫发起点和被叫站点的 OW 板,及二者之间经过站点的 OW 板。

③ 检查各站点的光纤是否按数据配置连接。

④ 检查 A,B 站点话机,话机正常。

⑤ 更换 A 站点的 OW 板后,故障被排除。

(3) 结论

由于 A 站点的 OW 板故障引起 A 站点和站点 B 的公务电话不同,在 A 站点更换好的 OW 板,故障被排除。

7. 设备对接故障

以下对尾纤导致 155M 光口对接不通案例进行介绍。

(1) 系统概述

某局本地传输网采用 ZXMP S385 系统组网,整个网络由 2 端 ZXMP S385 网元组成,传输速率是 2.5 Gbit/s。采用点对点 1+1 保护组网,网络结构如图 6-5 所示。中心局设在 B 网元,网管终端放在中心局。

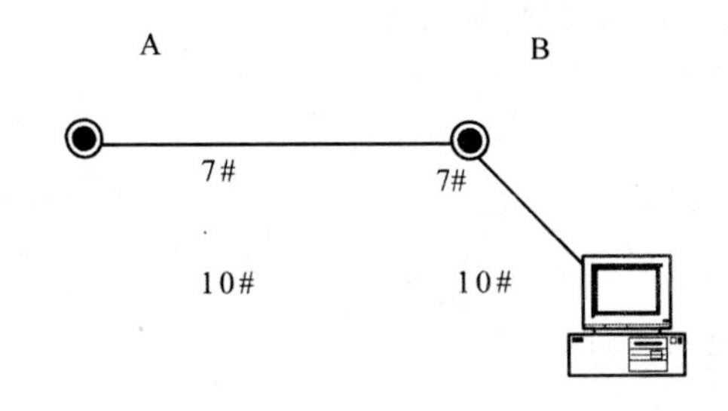

图 6-5 网络结构图

光纤连接关系如下:A 网元的 7#OL16 接 B 网元 7#OL16,A 网元的 10#OL16 接 B 网元 10#OL16。A 网元和 B 网元的业务配置使用 8 个主用 AU 资源。网元 A 上的业务全部是 155M 光口业务,网元 B 上的业务全部是 155M 电口业务,网元 B 设置为外时钟,网元 A 提取线路时钟。

(2) 故障现象描述

网元 A 有 4 个 155M 光口和某公司设备对接,对接后业务不能互通。

(3) 故障分析

由于是光口对接问题,主要从接口指标、开销字节、时钟等方面检查是否一致,找出原因,解决问题。

(4) 故障定位和排除

测试网元 A 用于对接的 4 块 OL1 光板收发口光功率和对接设备的收发光功率,发现 −10 dBm 的发光到达对端(中间为一条尾纤连接)却变成了 −40 dBm。可以肯定是光接口问题。检查对接设备的光口指标,发现为多模光口,必须使用多模光纤进行连接。同时必须注意将 OL1 光板内跳纤更换成多模光纤。采用多模光纤更换原来单模光纤后对接正常,故障排除。

习　　题

(1) 设备维护的总体要求是什么?

(2) 单板维护的注意事项是什么?

(3) 光线路板维护的注意事项是什么?

(4) 网管维护的注意事项是什么?

(5) 什么是环回? 环回包括哪几种? 试说明具体的含义。

(6) 误码测试使用什么仪表? 误码测试有几种方式?

(7) 故障定位的一般原则是什么?

(8) 故障处理的基本步骤是什么?

(9) 故障处理的常用方法有哪些?

(10) 光口接收信号丢失的故障如何处理?

附　　录

单板软件、FPGA 的远程升级和本地升级步骤。

1. 本地升级步骤

(1) 拨码为本地下载状态

将 4 位拨码开关(S3)拨为全“ON”,启动芯片运行于 Download 状态(红灯、黄灯、绿灯快速闪三次:进入 Download 方式),用带交叉网线的下载小板连接到单板相应的 BDM 座子和计算机的网口。

此时可通过 FTP+Telnet 命令方式将应用程序生成的文件烧录到程序区 Flash 里面。默认 IP 地址为 192.192.192.11。

(2) FTP 到单板,上传文件

假定需升级到本地的软件名为 *.BIN,FPGA 逻辑的文件名为 * *.MCS,通过 PUT 命令上传到单板上,最后退出 FTP 模式。

(3) Telnet 到单板,通过 d-upgrade 命令完成程序升级

如果是第一次升级该单板程序(即更换了 BOOT,或者之前单板里没有任何程序和逻辑),必须要对 flash 进行擦除操作,如果不是第一次升级,就不需要做如下工作。

d - erase - p1 (擦除程序区 1 区)

d - erase - p2 (擦除程序区 2 区)

d - erase - f1 (擦除逻辑区 1 区)

d - erase - f2 (擦除逻辑区 2 区)

之后输入 d-upgrade - p *.BIN,等待 telnet 窗口的下载成功的提示;再输入 d-upgrade-f * *.MCS,等待 Telnet 窗口的下载成功的提示。

将 4 位拨码开关拨为不是全“ON”也不是全“OFF”,启动芯片运行于正常运行状态(红灯、黄灯、绿灯快速闪一次),等待单板跑起来后,查看单板软件版本,如果确认无误,升级完成。

2. 远程升级步骤

① 假定需升级到本地的软件名为 *.BIN,FPGA 逻辑的文件名为 * *.MCS。

② FTP 到 NCP 上,以 Bin 文件格式将单板软件和单板逻辑用 PUT 命令传到 NCP。

③ Telnet 到 NCP,通过 d-upgrade,d-try,d-active 命令完成程序升级。

d-upgrade 子架号槽位号 CPU 号 - p *.BIN-f * *.MCS(可分行做两次升级;另子架号一般都是 1,升级 8,9 号槽位时 CPU 号可能会是 2,3,其他的 CPU 号都是 1。)

④ 等待 Telnet 窗口的下载成功的提示,等待约 90 s 后,进行试运行操作。

注意:单板再次复位,开始试运行新程序,如果在接收到下载成功的提示后马上下发 d-try 命令,则可能会返回命令下发失败的提示。因为此时单板可能还没跑起来,但实际

上由于S口的重发机制，最后命令还是能够下发到单板。

⑤ 等待单板跑起来后，查看单板软件版本，如果确认无误，进行 d-active 操作，完成最终升级。

注意：

- 如果试运行失败，单板会自动复位，并恢复使用旧的程序和逻辑，此时再输入 d-active命令将返回失败。
- 在 d-active 命令之前必须使用 d-try 命令，否则将返回失败的提示。

3. CPLD 的升级

ZXMP S385 的 CPLD 一般都是采用 Lattice 的 LC4064 芯片，但是少数单板如 TCS32F，SEC 板的 CPLD 采用的是 Altera 的芯片。下载方法基本上一样，但是下载线和插座不太一样，所需要的下载软件也不一样，应分别准备下载线。

中英文缩略语对照

缩写	英文全称	中文释义
	A	
ADM	Add-Drop Multiplexer	分插复用器
AI	Adapted Information	适配信息
AIS	Alarm Indication Signal	告警指示信号
ALS	Automatic Laser Shutdown	自动激光关闭
AMI	Alternate Mark Inversion	传号交替反转(码)
ANSI	American National Standards Institute	美国国家标准协会
APS	Automatic Protection Switching	自动保护倒换
ATM	Asynchronous Transfer Mode	异步转移模式
AU-n	Administrative Unit, level n	N 阶管理单元
AUG	Administrative Unit Group	管理单元组
	B	
B3ZS	Bipolar with 3-Zero Substitution	3 连零置换双极性码
B8ZS	Bipolar with 8-Zero Substitution	8 连零置换双极性码
BA	Booste (power) Amplifier	功率放大器
BBER	Background Block Error Ratio	背景误块比
BER	Bit Error Ratio	误比特率
BIP-X	Bit Interleaved Parity of depth X	X 位比特间插奇偶
BITS	Building Integrated Timing Supply	大楼综合定时供给
	C	
CE	Conformite Europeenne	欧洲合格认证的简称
CM	Connection Matrix	连接矩阵
CMI	Code Mark Inversion	代码标记反转码
CMIP	Common Management Information Protocol	公共管理信息规约
C-n	Container-n	n 阶容器
CP	Connection Point	连接点
CRC	Cyclic Redundancy Check	循环冗余校验
CS	Cross Switch	交叉
CTP	Connection Termination Point	连接终节点
CV	Code Violation	码违例
	D	
DC	Direct Current	直流电
DCC	Data Communications Channel	数据通信通路
DCE	Data Circuit-terminating Equipment	数字环路设备

DCM	Dispersion Compensation Module	色散补偿模块
DCN	Data Communication Network	数据通信网
DCS	Digital Crossconnect System	数字交叉连接系统
DNI	Dual Node Interconnection	双节点互连
DTE	Data Terminal Equipment	数字终端设备
DXC	Digital Cross Connect	数字交叉连接
	E	
EOW	Engineering Order-Wire	工程公务电路
ECC	Embedded Control Channel	嵌入控制通路
EDFA	Erbium Doped Fiber Amplifier	掺铒光纤放大器
EMF	Equipment Management Function	设备管理功能
EMC	ElectroMagnetic Compatibility	电磁兼容
EMI	ElectroMagnetic Interference	电磁干扰
EML	Element Management Layer	网元管理层
EMS	Electromagnetic Susceptibility	电磁敏感性
EMS	Equipment Management System	设备管理系统
ES	Error Second	误码秒
ETSI	European Telecommunication Standards Institute	欧洲电信标准协会
EUT	Equipment Under Test	被测设备
	F	
FAS	Frame Alignment Signal	帧定位信号
FDDI	Fiber Distributed Data Interface	光纤分布式数据接口
FDM	Frequency Division Multiplexing	频分复用
FE	Fast Ethernet	快速以太网
FEBBE	Far End Background Block Error	远端背景误码块
FEC	Forward Error Correcting	前向纠错
FEES	Far End Errored Second	远端误码秒
FESES	Far End Severely Errored Second	远端严重误码秒
	G	
GE	Gigabit Ethernet	千兆以太网
GUI	Graphical User Interface	图形用户界面
	H	
HW	Hard Wire	高速连线
HDB3	High Density Bipolar of order 3	3 阶高密度双极性码
HDLC	High Digital Link Control	高级数据链路控制
HPA	Higher order Path Adaptation	高阶通道适配
HPC	Higher order Path Connection	高阶通道连接
HPP	Higher order Path Protection	高阶通道保护
HPT	Higher order Path Termination	高阶通道终端
HTCA	Higher order path Tandem Connection Adaptation	高阶通道串接适配
HTCT	Higher order path Tandem Connection Termination	高阶通道串接终端
HTCM	Higher order path Tandem Connection Monitor	高阶通道串接监视

I

IP	Internet Protocol	Internet 协议
ITE	Integrated Terminal Equipment	集中式终端设备
ITU-T	International Telecommunication Union-Telecommunication Standardization Sector	国际电信联盟—电信标准部

L

L2	Layer 2	第二层(协议)
LAN	Local Area Network	局域网
LAPD	Link Access Procedure for D-channel	通路链路接入规程
LA	Line Amplifier	线路放大器
LCT	Local Craft Terminal	本地维护终端
LO	Lower Order	低阶
LoF	Loss of Frame	帧丢失
LoM	Loss of Multiframe	复帧丢失
LoP	Loss of Pointer	指针丢失
LoF	Loss of Signal	信号丢失
LP	Lower order Path	低阶通道
LPA	Lower order Path Adaptation	低阶通道适配
LPC	Lower order Path Connection	低阶通道连接
LPP	Lower order Path Protection	低阶通道保护
LIT	Loss of all Incoming Timing references	所有输入定时参考丢失

M

MAF	Management Application Function	管理功能应用
MC	Matrix Connection	连接矩阵
MCU	Micro Control Unit	微控制单元
MD	Mediation Device	协调设备
MF	Mediation Function	协调功能
MM	Multi Mode	多模(光纤)
MS	Multiplex Section	复用段
MS-AIS	Multiplex Sections-Alarm Indication Signal	复用段告警指示信号
MSOH	Multiplex Section OverHead	复用段开销
MSP	Multiplex Section Protection	复用段保护
MS-PSC	Multiplex Sections-Protection Switching Count	复用段保护倒换计数
MS-PSD	Multiplex Sections-Protection Switching Duration	复用段保护倒换间隔
MS-SPRing	Multiplexer Section Shared Protection Ring	复用段共享保护环
MST	Multiplex Section Termination	复用段终端
MTIE	Maximum Time Interval Error	最大时间间隔误差

N

NC	Network Connection	网络连接
NE	Network Element	网络单元(网元)
NEF	Network Element Function	网络单元(网元)功能

NEL	Network Element Layer	网元层
NML	Network Manager Layer	网络管理层
NMS	Network element Management System	网元管理系统
NNI	Network Node Interface	网络节点接口
NU	National Use	国内使用
NRZ	Non-Return to Zero	不归零码
	O	
OA	Optical Amplifier	光放大器
OAM	Operation Administration and Maintenance	操作管理与维护
ODP	Open Distributed Processing	开放分布处理
OFA	Optical Fiber Amplifier	光纤放大器
OHA	OverHead Access	开销接入
OOF	Out Of Frame	帧失步
OSF	Operations System Function	操作系统功能
OSI	Open System Interconnect	开放系统互连
OW	Order Wire	工程公务线
	P	
PA	Pre-Amplifier	前置放大器
PCB	Printed Circuit Board	印制电路板
PCM	Pulse Code Modulation	脉冲编码调制
PDH	Plesiochronous Digital Hierarchy	准同步数字体系
PGND	Protection GND	保护接地
PJE+	Pointer Justification Event：+	正指针调整事件
PJE−	Pointer Justification Event：−	负指针调整事件
PMD	Polarization Mode Dispersion	极化模式色散
POH	Path OverHead	通道开销
PPI	PDH Physical Interface	PDH 物理接口
PRC	Primary Reference Clock	一级参考(基准)时钟
PRS	Primary Reference Source	一级参考(基准)源
PS	Protection Switching	保护倒换
PSE	Protection Switching Event	保护倒换事件
PT	Path Termination	通道终端
PTR	Pointer	指针
	Q	
QA	Q Adaptor	Q适配器
QAF	Q Adaptor Function	Q接口适配功能
	R	
RAM	Random Access Memory	随机存取存储器
RDI	Remote Defect Indication	远端缺陷指示
REI	Remote Error Indication	远端差错指示
RFI	Remote Failure Indication	远端失效指示
RI	Remote Information	远端信息

RPR	Resilient Packet Ring	弹性分组环
RS	Regenerator Section	再生段
RSOH	Regenerator Section Overhead	再生段开销
RST	Regenerator Section Termination	再生段终端

S

SDH	Synchronous Digital Hierarchy	同步数字体系
SEC	SDH Equipment Clock	SDH 设备时钟
SEMF	Synchronous Equipment Management Function	同步设备管理功能
SES	Severely Errored Second	严重误码秒
SESR	Severely Errored Second Ratio	严重误码秒比
SETPI	Synchronous Equipment Timing Physical Interface	同步设备定时物理接口
SETS	Synchronous Equipment Timing Source	同步设备定时源
SM	Single Mode	单模(光纤)
SMCC	Sub-network Management Control Center	子网管理控制中心
SML	Service Management Layer	业务管理层
SMN	SDH Management Network	SDH 管理网
SMS	SDH Management Sub-network	SDH 管理子网
S*n*	Higher order VC-*n* layer($n=3, 4$)	高阶 VC-*n* 层
SNC	Sub-Network Connection	子网连接
SNCP	Sub-Network Connection Protection	子网连接保护
SPRING	Shared Protection Ring	共享保护环
SPI	SDH Physical Interface	SDH 物理接口
SSD	Server Signal Degrade	服务器信号劣化
SSF	Server Signal Fail	服务器信号失效
SSM	Synchronization Status Message	同步状态消息
STM-*N*	Synchronous Transport Module, level *N*($N=1, 4, 16, 64$)	*N* 阶同步传送模块($N=1,4,16,64$)

T

TCM	Tandem Connection Monitor	串接监视
TCP	Termination Connection Point	中断连接点
TCS	Timeslot Cross Switch	时分交叉
TD	Transmit Degrade	传输劣化
TDEV	Time Deviation	时间偏差
TF	Transmit Fail	传输失效
TM	Termination Multiplexer	终端复用器
TMN	Telecommunications Management Network	电信管理网
TS	Time Slot	时隙
TSA	Time Slot Assignment	时隙分配
TU-*m*	Tributary Unit, level *m*	*m* 阶支路单元
TUG-*m*	Tributary Unit Group, level *m*	*m* 阶支路单元组

U

UAS	Unavailable Second	不可用秒

UNEQ	Unequipped	未装载
UNI	User Network Interface	用户网络接口

V

VC-n	Virtual Container, level n	n 阶虚容器

W

WAN	Wide Area Network	广域网
WDM	Wavelength Division Multiplexing	波分复用
WS	Work Station	工作站
WSF	Work Station Function	工作站功能
WTR	Wait to Restore Time	等待恢复时间

参考文献

[1] 赵东风,丁洪伟,等.SDH光传输网络技术教程,昆明:云南大学出版社,2011.
[2] 顾生华,SDH设备原理与应用,北京:北京邮电大学出版社,2009.
[3] 中兴ZXMP S385技术手册,深圳:中兴通讯股份有限责任公司,2008.
[4] 中兴ZXMP S385设备手册,深圳:中兴通讯股份有限责任公司,2008.
[5] 中兴ZXMP S385安装手册,深圳:中兴通讯股份有限责任公司,2008.
[6] 中兴ZXMP S385维护手册,深圳:中兴通讯股份有限责任公司,2008.
[7] 中兴SDH原理,深圳:中兴通讯股份有限责任公司,2008.